# Photoshop

人像、风光、纪实、静物、建筑摄影后期技法

郑志强◎著

北京大学出版社

PEKING UNIVERSITY PRESS

# 内 容 提 要

针对数码照片的摄影后期，Photoshop是最专业、最强大的软件，可以说是摄影后期的"万法之源"。只要掌握了Photoshop后期的原理和一般技巧，在使用其他后期软件时就可以做到拿来即用，快速上手，不用再单独学习这些软件的使用方法。

本书从Photoshop的安装、配置与使用基础开始讲解，进而介绍精通摄影后期的两把钥匙、Photoshop的四大基石及摄影后期的六大应用，为读者的摄影后期之路做好充足准备。之后还介绍人像、风光、纪实、静物（花卉）和建筑五大核心题材的摄影后期技法，对这五种题材的后期思路进行了剖析，并将修片原理融入具体的修片案例中，确保读者的学习能够富有成效，尽快做到举一反三，完全掌握摄影后期的精髓。

本书适合摄影爱好者阅读和参考，也适合摄影培训机构作为教材使用。

## 图书在版编目(CIP)数据

Photoshop人像、风光、纪实、静物、建筑摄影后期技法 / 郑志强著. —— 北京：北京大学出版社，2019.1

ISBN 978-7-301-29933-3

Ⅰ.①P… Ⅱ.①郑… Ⅲ.①图象处理软件 Ⅳ.①TP391.413

中国版本图书馆CIP数据核字(2018)第223579号

| | | |
|---|---|---|
| 书　　　名 | Photoshop人像、风光、纪实、静物、建筑摄影后期技法 | |
| | PHOTOSHOP RENXIANG、FENGGUANG、JISHI、JINGWU、JIANZHU SHEYING HOUQI JIFA | |
| 著作责任者 | 郑志强　著 | |
| 责 任 编 辑 | 吴晓月 | |
| 标 准 书 号 | ISBN 978-7-301-29933-3 | |
| 出 版 发 行 | 北京大学出版社 | |
| 地　　　址 | 北京市海淀区成府路205号　100871 | |
| 网　　　址 | http://www.pup.cn　　新浪微博:@北京大学出版社 | |
| 电 子 信 箱 | pup7@pup.cn | |
| 电　　　话 | 邮购部010-62752015　发行部010-62750672　编辑部010-62570390 | |
| 印 刷 者 | 北京宏伟双华印刷有限公司 | |
| 经 销 者 | 新华书店 | |
| | 787毫米×1092毫米　16开本　22.75印张　478千字 | |
| | 2019年1月第1版　2020年12月第5次印刷 | |
| 印　　　数 | 10001-13000册 | |
| 定　　　价 | 99.00元 | |

前言

## 一 摄影后期不是平面设计，你必须知道自己想要什么

学习摄影后期，可能有人不推荐你使用Photoshop软件，他们会说这款软件太复杂、太难学。其实这种说法是错误的，他们之所以认为Photoshop复杂和难学，是因为没有掌握正确的学习方式和方法。利用Photoshop，我们学的是摄影后期，而非平面设计。我们不需要专业的手绘板来进行图像绘制，也不需要制作绚丽的特效，更不需要上百个图层的素材合成。我们需要的只是掌握几个简单的后期原理，使用几个简单的功能进行数码照片的后期修饰而已。

可能还有人会说，"那几个简单的功能其他软件也有"，但其他软件的功能设定却没有Photoshop专业，也没有Photoshop强大，更无法修出Photoshop后期的完美效果。

综合来看，学习摄影后期，一定要学Photoshop！

在学习时，只要掌握照片的影调、色彩及画质优化等功能，再掌握图层、蒙版、选区及通道等概念，就足够了！

## 二 授人以鱼，不如授人以渔

根据个人的学习经验来看，只有掌握了修片原理，才能真正学会摄影后期，所以注重原理分析是本书最大的特点。

介绍过Photoshop的功能及修片原理后，本书还介绍了大量的实战案例，但在具体的照片处理过程中很少告诉读者设置什么样的参数，因为那没有意义，换张照片读者就不知道该怎么调整了。只有掌握了参数的原理和意义，以后无论遇到什么样的照片，相信读者都能举一反三。

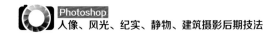
### 三 软件版本说明

　　虽然本书中介绍的功能90％以上都能通过旧版的Photoshop实现，但仍然建议读者将软件升级到Photoshop CC 2018（当前最新）及以上版本，越高的版本功能会越丰富。

### 四 对读者的保证

　　只要认真学习完本书的内容，相信广大读者就能基本上掌握一般照片后期处理的思路和技巧。

### 五 附赠的学习资源

　　本书附赠的学习资源中提供了大量案例的素材照片，以及多个后期技术的教学视频，免费供读者进行学习和练习。可以扫描右侧二维码关注公众号，输入代码"93813"获取下载地址及密码。若下载链接失效，可搜索QQ群号198738623加入"摄影之家"群与我们联系。

### 六 本书的后续服务

　　读者在学习本书的过程中如果遇到疑难问题，可以加入本书编者及读者交流QQ群"千知摄影"，群号为242489291，也可以通过扫描右侧二维码加入。另外，建议读者关注我们的微信公众号"深度行摄"，学习一些关于摄影、数码后期和行摄采风的精彩内容，微信搜索"shenduxingshe"或扫描右侧二维码关注即可。

"千知摄影"二维码　　"深度行摄"二维码

# 目录
## CONTENTS

# ③ Photoshop的四大基石 ......................053

第 **1** 章

# Photoshop安装、配置与使用基础

Photoshop简称PS，是一个专业的数码图像处理软件。

本章介绍这款软件的正确安装方式、安装后软件性能的配置与优化，以及简单的使用基础，如照片的载入与正确存储等。

## 1.1 安装Photoshop

网络上有免费安装的绿色版Photoshop，但版本一般都比较旧，很多强大的新功能没有。再者，天下没有免费的午餐，在使用一些绿色版Photoshop时，可能用户的计算机已经被植入广告插件，或是开了"后门"，会存在很大风险。

现在网络带宽一般都是30MB/s以上，完全能满足在线安装软件的要求。下面介绍在线安装Photoshop的操作方法。

**步骤❶** 首先，搜索 Adobe官方下载，然后单击开头是"http：//www.adobe.com/cn"的链接，如图1-1所示。

图1-1

**步骤❷** 在下载界面找到Creative Cloud这款软件，单击开始下载，如图1-2所示。这是Adobe公司推出的桌面程序，全称为Adobe Creative Cloud。它像一个市场，提供了所有Adobe公司的软件下载和更新链接，如Photoshop、Lightroom、InDesign、Premiere及After Effects等，应有尽有。

图1-2

**步骤❸** 下载时，要求填写登录账号，没账号的需注册账号，如图1-3所示。

图1-3

步骤4 与一般的账号注册流程相比， Adobe公司的账号注册流程安全级别很高，对密码的要求也很高。所以最好大小写字母混编，再加上跟出生年月日无关的数字，注册界面如图1-4所示。

步骤5 注册并安装好Adobe Creative Cloud之后，在计算机桌面上可以看到程序图标，如图1-5所示。

图1-4

图1-5

步骤6 打开Adobe Creative Cloud，就可以看到需要安装或更新的软件了。这里已经安装了最新版的Photoshop CC 2018，所以提示的是"更新"，如图1-6所示。如果没安装，这里就会提示"试用"。直接单击"更新"或"试用"按钮即可，很快就能安装完成。

步骤7 需要注意一点：在安装之前，也可以单击右上角的折叠菜单，在其中选择"首选项"命令，如图1-7所示，切换到"首选项"界面，设置软件的安装位置。

图1-6                                    图1-7

**步骤 8** 在"首选项"界面中切换到"Creative Cloud"选项卡，在该选项卡中选择软件的安装位置，如图1-8所示。

图1-8

## TIPS

　　如果未设定软件的安装位置，系统会默认将Photoshop软件安装在C盘中，长此以往，会影响计算机的运行速度。

## 1.2 打开与配置Photoshop

### 1.2.1 Photoshop工作界面配置

从Photoshop CC 2017开始，Photoshop启动后的初始界面发生了变化。旧版的Photoshop在启动后直接进入工作区，而新版本则增加了一个开始界面，如图1-9所示。这个界面中集成了"最近使用项""新建"及"打开"3个项目，用户直接选择这几个命令就可以打开新照片，也可以打开之前处理过的照片，还可以新建一个空白文档等。

新增加的开始界面对新用户没有影响，直接从零开始学习就可以。感觉不适应的老用户可以在"首选项"设定中将这个界面永久关闭（只需在"常规"选项卡中取消选中"没有打开的文档时显示'开始'工作区"复选框）。

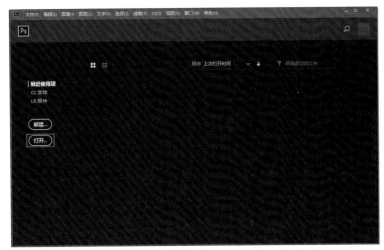

图1-9

使用一段时间之后，开始界面的中间还会出现大量的照片缩略图，如图1-10所示。这些缩略图是用户近期在Photoshop中打开或进行过后期处理的照片，与计算机中"最近使用过的文档"功能类似。如果用户需要再次对照片进行处理，直接单击照片缩略图，就可以在软件中将照片打开。

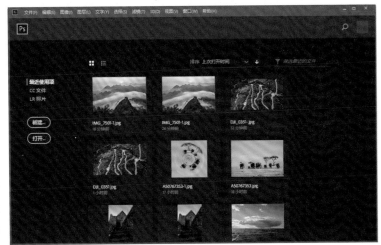

图1-10

第一次启动新版本的Photoshop时，会载入开始界面。跨过开始界面，进入Photoshop的工作界面后，可能会发现软件的布局也有很大的不同。在此，要将Photoshop调整到进行摄影后期的最佳工作状态，在"窗口"菜单中选择"工作区"→"摄影"命令，如图1-11所示，即可将界面配置为适合摄影后期的界面，如图1-12所示。

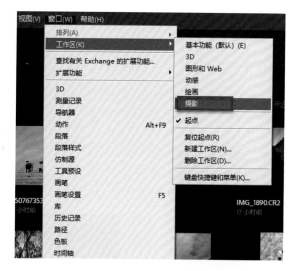

图1-11

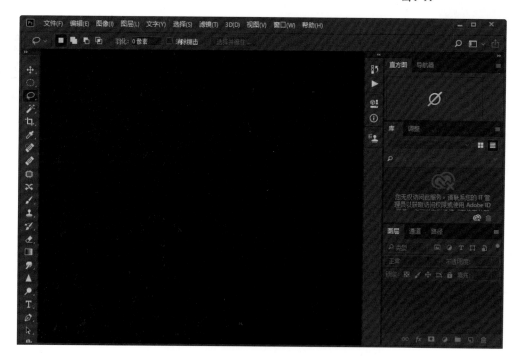

图1-12

将软件界面配置为"摄影"后，接下来可以进行一些具体的操作和设置。

例如，要将某个面板移动到另一个位置，只要在该面板的标题上单击并按住鼠标左键不放，然后拖动鼠标即可移动该面板的位置，如图1-13所示。这样就可以从折叠在一起的面板中将某一个单独移走，图中所示即为将"直方图"面板及"库"面板移动到了其他位置，使这两个面板处于浮动状态。

如果面板的摆放比较混乱，无法将其很好地复原，这时只要在Photoshop主界面右上角单击向下按钮，展开列表，选择"复位摄影"选项，就可以将界面还原（也可以在"窗口"菜单中选择"工作区"，在级联菜单中选择"复位摄影"命令来实现，如图1-13所示）。

图1-13

**TIPS**

　　注意，从某个面板组中拆出某个面板时，要点住该面板的标题文字进行拖动。注意，是点住标题文字，如果点住标题旁边的空白处拖动，则会移动面板组位置。

### 1.2.2　照片载入方式

　　打开Photoshop后，有两种方式可以载入要处理的照片。其一是在"文件"菜单中选择"打开"命令，找到要处理的照片，打开即可。

　　对计算机比较熟悉的用户或是Photoshop高手，通常都是通过直接拖动的方式来载入照片，这样操作快捷、简单。在文件夹或QQ等网络应用中，将照片拖到打开的Photoshop中即可，照片就会自动在软件中打开了，如图1-14所示。

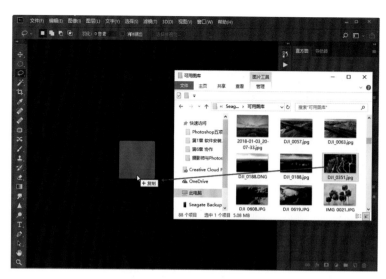

图1-14

### 1.2.3　软件性能配置和优化

　　初学者在掌握Photoshop主界面的操作和配置技巧后，就可以考虑对软件的内在性能进行一定的配置和优化了，主要通过对首选项的设定来实现。

　　利用首选项设定，可以将Photoshop的各项指标和参数优化到最佳状态。打开Photoshop后，在"编辑"菜单中选择"首选项"→"常规"命令（如图1-15所示），即可打开"首选项"对话框。

图1-15

在Photoshop CC 2017之前的版本中，首选项的"常规"选项卡并没有需要设置的地方，但到了2017版本，可以设置是否显示开始界面。默认条件下，"没有打开的文档时显示'开始'工作区"复选框处于选中状态，如图1-16所示；如果取消选中，启动Photoshop后就不会出现开始界面，而是直接载入工作界面。

图1-16

在"界面"选项卡内可以对Photoshop软件界面的颜色、字体大小及界面边缘等进行设定。Photoshop早期的版本主要以浅灰色为主，看起来很亮。从Photoshop CS5版本开始，软件默认的配色变为深灰色。当然，也保留了浅灰色和白色的配色，用户可以根据自己的喜好进行设定。

屏幕模式的默认效果是"投影"，从某个界面外边缘可以看到明显的投影效果；如果不喜欢该设定，可以取消。用户界面字体大小可以视个人喜好而定，如图1-17所示。

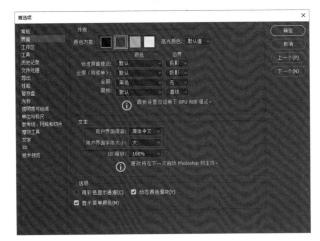

图1-17

在"工具"选项卡的"选项"区域，如果选中"用滚轮缩放"复选框，在Photoshop中就可以使用鼠标滚轮对图片进行快速放大或缩小，如图1-18所示。当然，也可以用工具栏中的缩放工具对照片视图进行缩放，还可以按【Ctrl】与【－】或【＋】组合键对照片视图进行缩放。

图1-18

"性能"选项卡中有很多重要的设置，如图1-19所示。

图1-19

"内存使用情况"是指在使用Photoshop时分配多大的内存，拖动滑块可以进行设置，建议配置70%～90%的内存供Photoshop使用。要想让Photoshop运行得更快，除了为其设定更大的内存比例外，计算机自身的内存配置要求应该高一点，内存越大越好。

默认的"历史记录状态"为50条，即Photoshop的"历史记录"面板中所能保留的历史记录状态的最大数量为50条。如果觉得记录50条太少，可以将其设置为更大的数字，如设定为200条。该功能比较适合初学者，如果操作失误，可以快速返回到前面的某个步骤。

"高速缓存级别"是指图像数据的高速缓存级别数，默认为4，这里可以保持默认设置。该选项最高可以设置为8，在处理大照片时，可以设置为较大的高速缓存级别；处理小照片时，可以设置为较小的高速缓存级别。

**TIPS**

如果高速缓存的级别很高，处理照片时速度会加快，但过高的缓存有可能导致预览照片时画质不够细腻，出现毛边。

"高速缓存拼贴大小"是指Photoshop一次存储或处理的数据量，该选项的设定与"高速缓存级别"相似。如果经常要处理大照片，应该将其设置得高一些；如果要处理小照片，可将其设置得小一些。

至于"使用图形处理器"功能，选中后可以增强Photoshop处理图像及视频的性能，如使用Photoshop中的视频全景图及3D处理等，但如果计算机性能不够出色，则不建议选中该功能，否则会造成软件运行卡顿的现象。之后还应该单击"高级设置"按钮，在弹出的界面中选中"使用OpenCL"复选框。

　　在"暂存盘"界面，默认只选中了C盘作为暂存盘。当Photoshop在处理大量或者大尺寸照片时，它会占据大量的暂存盘空间，如果C盘的空间不足，Photoshop就会提示内存不足，暂存盘已满。所以需要提供更大的暂存盘空间，可选中D盘、E盘等。这样在处理照片时，当照片占满了第一个暂存盘时，就可以自动转入第二个暂存盘，以此类推。该功能在进行大量照片的合成时非常有效，如利用静态星空照片合成星轨时，多选几个硬盘可以更高效地完成操作。此处可选中2～3个硬盘作为暂存盘，如图1-20所示。

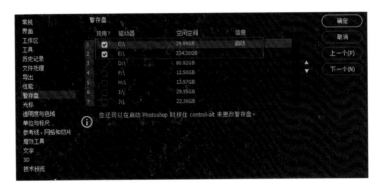

图1-20

# 1.3 分析Photoshop软件，快速上手

## 1.3.1　Photoshop界面布局与功能分析

　　进入Photoshop正式工作界面之后，打开一张照片，可以看到图1-21所示的界面。这个界面看似功能比较多、比较乱，但通过详细的分类可以发现，它还是比较有规律的，掌握了这些规律，会对后续的学习有很大的帮助。界面中有①～⑦7种类别的编号，每个编号所代表的类别功能及相关操作如下。

①菜单栏

　　Photoshop中很多重要的功能、设定，以及对软件的控制功能，这些都可以在菜单栏中找到。例如，在"图像"→"调整"菜单中可以找到绝大多数的照片处理功能，而在"滤镜"菜单中可以找到对绝大多数照片进行的特效处理，在"窗口"菜单中还可以找到对整个软件界面面板及部分功能展示的控制等。

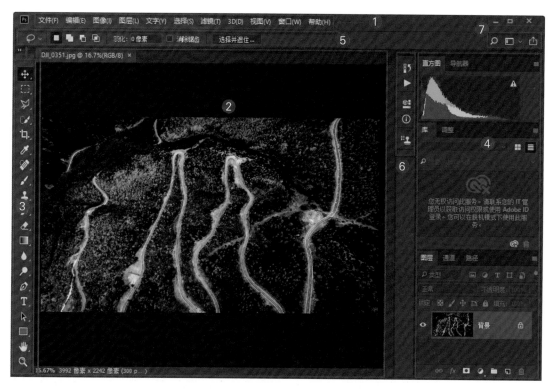

图1-21

②工作区（照片显示区）

打开照片之后，照片就会展示在工作区中，对照片的处理也是在工作区中进行的，这里随时可以展示处理效果所引起的照片变化。在工作区中，左上方是照片的标题及色彩模式等信息，左下角展示了照片显示的比例、照片尺寸及分辨率等。

③工具栏

对照片的处理需要将一般的功能与工具结合起来才能够实现。例如，使用"蒙版"功能进行照片的局部调修时，往往要结合工具栏中的"渐变工具"才能实现最好的效果。而选择一种工具之后，主要在选项栏（编号⑤对应的区域）中进行该工具的参数设定。

④面板栏

面板栏中展示了用户经常使用的或需要经常展示的一些面板，如"直方图"面板、"导航器"面板、"调整"面板及"图层"面板等。这个面板中的功能往往没有实际的调整能力，但展示了照片中非常重要的一些信息。例如，"直方图"显示照片的明暗，"图层"面板则主要展示了照片处理时图层的一些变化。

⑤选项栏

使用某种工具时，在选项栏内可以对工具的参数、运行方式等进行设定。

⑥窗口缩略图标

打开某项功能，不展开时它会以缩略图的方式折叠起来，避免干扰用户观察工作区中照片的变化。例如，打开"历史记录"面板，在没有处理照片时，它会折叠起来变为一个图标，当需要使用时，用户在这个快捷面板中单击"历史记录"面板缩略图，即可直接展开。

⑦快速操作面板

快速操作面板中只有3个"按钮"。第1个按钮可以用于搜索；第2个按钮用于对界面的功能属性进行配置，如配置为"基本"界面、"摄影"界面及"平面设计"界面等；第3个按钮为共享图像链接，可以直接将打开的照片分享到网络。

## 1.3.2 面板操作

在Photoshop主界面右侧可以对一些面板的顺序或位置进行调整。例如，对摄影后期来说，"库"这个面板并不是很常用，所以可以选中该面板的标题栏并用鼠标向左拖动，这样就可以与"调整"面板交换位置，如图1-22所示。还可以选中某个面板的标题向外拖动，让这个面板处于浮动状态。

最终将面板区域调整为当前的状态，因为"直方图"用于展示照片的"明暗"分布；而"调整"面板内集成了许多常用的功能，如"亮度/对比度""色阶""曲线""曝光度"及"色相饱和度"等，单击这些快捷图标就可以快速开启某些调整功能，对照片进行调整；最下方的"图层"面板用于展示对照片调整时的一些图层变化。在面板版块的最底部还有"图层蒙版""创建新的空白图层"等常用功能按钮。

图1-22

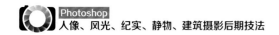

## 1.4 照片信息解读与存储

### 1.4.1 照片信息解读

在Photoshop中打开照片后，从工作区左上角可以看到照片的名称、格式、色彩模式、位深度及是否进行过更改等信息。如图1-23所示，可以看到照片名为"DJI_0351"，格式为JPEG（.jpg为JPEG格式的扩展名），色彩模式为RGB，位深度为8。

工作区左下角显示了当前照片显示的大小比例（最高为100％，当前为18.33％）、照片尺寸（当前为3992像素×2242像素）及分辨率（当前为300dpi）。

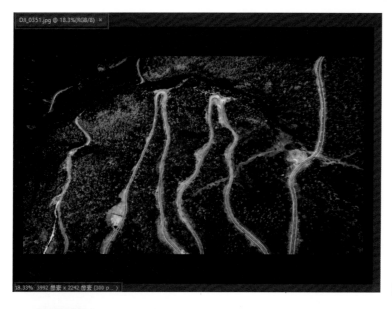

图1-23

**TIPS**

需要注意的是，许多程序会将照片尺寸3992像素×2242像素称分辨率，包括当前的Windows 10操作系统也将其标为分辨率。这是不对的。其实早期的Windows 7版本中的标注才是准确的，为照片尺寸。照片尺寸的乘积，就是照片像素。

如果对照片进行过修改，那么左上角的照片标题右侧会出现"*"，如图1-24所示。

图1-24

## 1.4.2　照片的存储级别设定

　　照片修改完成之后，就可以进行存储了。建议使用"存储为"命令进行照片的存储，如图1-25所示。执行该命令后，会弹出"另存为"对话框，如图1-26所示。在该对话框中，如果不修改文件名，那么照片就会替换原有文件，与直接存储的命令几乎没有差别（当然，在这样存储时，系统会提示用户是否替换原文件）。大部分情况下，建议对文件名进行修改，如改为"原文件名-1"的形式，这样可以在备份原始文件的前提下，保存好处理后的文件。

　　如果没有印刷、冲洗等特别的要求，那么将照片保存为JPEG格式就可以了——在"保存类型"下拉列表中选择想要的JPEG格式即可。

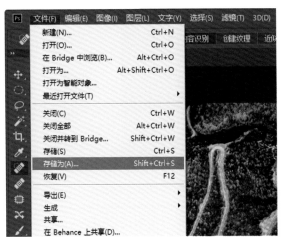

图1-25

图1-26

　　在"另存为"对话框中单击"保存"按钮后，会弹出"JPEG选项"对话框，在该对话框中需要对照片的压缩级别（品质）进行设定。在"JPEG选项"对话框中可以看到"品质"选项，其后的品质共有13个压缩级别，分别为0～12。图1-27所示为0～4高压缩级别，对照片进行高度压缩后，画质就会严重下降，对应的画质为低；图1-28所示为5～7级压缩，对应中等画质；图1-29所示为8～9级压缩的高等画质；图1-30所示为10～12级压缩的最佳画质，这表示对照片的压缩程度并不高，相应的照片画质也就比较好了。

　　选中界面右侧的"预览"复选框，可以看到不同压缩程度的照片大小，压缩程度为很高的品质0时，照片大小为726.4KB；而压缩程度为很低的品质10时，照片大小已经变为了5.1MB。

图1-27

图1-28

图1-29

图1-30

## TIPS

　　根据用途来设定照片的压缩级别。如果只是在网络上分享和浏览照片，可以大幅度压缩照片品质，降低到中或低均可；但如果照片有印刷、喷绘及打印等要求，则不应该对照片进行高度压缩，最好将照片品质保存为最佳。

## 1.5 调整照片尺寸（等比及非等比）

　　还有一种与照片品质压缩类似的调整，俗称照片压缩，是指照片尺寸压缩。具体来说，照片品质压缩不会改变照片的边长尺寸，而是改变照片像素的编码方式；而照片尺寸压缩是指改变照片的边长尺寸，以符合不同场景的使用需求，需要在Photoshop菜单中对尺寸进行缩小，如图1-31所示。

具体调整时，如果保持默认设置，直接改变宽度或高度值，那么另一个值也会按比例被调整。例如，将宽度改为"1000像素"，那高度就会变为"667像素"，以此确保照片的长宽比例不变。如图1-32所示，如果在尺寸前面单击取消长宽比限制（再次单击可以恢复限制），就可以随心所欲地改变照片的长边或宽边了，如将一张照片调整为120像素×120像素，以符合证件照的尺寸要求等。

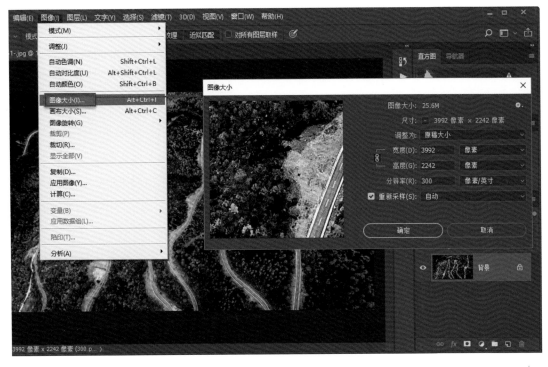

图1-31

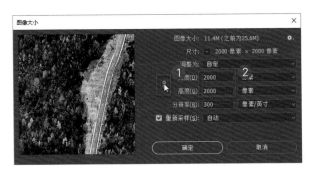

图1-32

**TIPS**

改变长宽比时要注意，不要让照片中的人物等发生变形，可以通过提前裁剪，然后改变边长尺寸来实现。

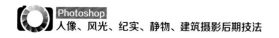

## 1.6 学会Photoshop批处理功能

对于大量照片进行完全一样的调整，如果逐张照片进行操作，那么工作量是非常大的，效率也会非常低。Photoshop中提供的批处理功能可以节省用户大量的时间，提高工作的效率和准确率。对于一般的照片尺寸调整、照片画质调整以及简单的其他调整，都可以通过这一功能来实现。

但对于照片影调、色彩的调整往往不建议这么操作，因为每一张照片的具体场景是不同的，对影调、色彩的配置也会有很大差别，这时进行批处理很有可能会出现不好的效果。

**TIPS**

Photoshop中的批处理往往用于调整照片的大小尺寸、画质等。

图1-33展示的是处理好的5张照片。选中其中一张照片，可以看到它的照片尺寸比较大，为5760像素×3840像素，这表示有两千万以上的像素，照片的大小为5.48MB。这样在网上分享时就非常不方便，有可能会被网站限制，如果逐张缩小照片尺寸，那么工作量会变大。这时就可以用"批处理"命令来进行操作。

首先，将这5张照片单独保存在一个文件夹中，然后在这个文件夹中再次新建一个名为"小尺寸"的文件夹，将压缩尺寸后的新照片都放到这个单独的"小尺寸"文件夹中，如图1-34所示。

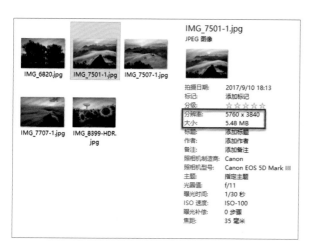

图1-33

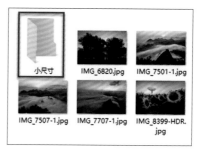

图1-34

具体操作步骤如下。

**步骤①** 首先，在Photoshop中打开其中一张照片。

**步骤②** 单击"窗口"菜单项，在打开的菜单中选择"动作"命令，如图1-35所示。这时就打开了"动作"面板，事实上"动作"面板与"历史记录"面板早已打开，只是被折叠起来了。也可以从折叠图标面板中单击将"动作"面板展开。展开面板之后，再单击右下角的"新建动作"按钮，如图1-36所示。

图1-35

图1-36

**步骤③** 此时会弹出"新建动作"窗口，可以为动作重新命名，也可以保持默认的动作名称（此处保持默认的动作名称"动作8"），然后单击"记录"按钮，如图1-37所示。

**步骤④** 此时在"动作"面板左下角可以看到一个红色圆点，表示动作正在录制，如图1-38所示。

图1-37

图1-38

**步骤⑤** 执行"图像"→"图像大小"命令（或按【Alt+Ctrl+I】组合键），打开"图像大小"对话框，保持锁定原始照片的比例，然后将宽度设为2000像素，高度则会自动被设定为1333像素。尺寸得到很大的压缩之后，照片大小也会随之变小，最后单击"确定"按钮，如图1-39所示。

图1-39

**步骤 6** 经过上述操作之后，照片的尺寸变小，单击"文件"菜单项，选择"存储为"命令，打开"另存为"对话框，将压缩尺寸之后的照片存储到"小尺寸"文件夹中，最后单击"保存"按钮，如图1-40所示。

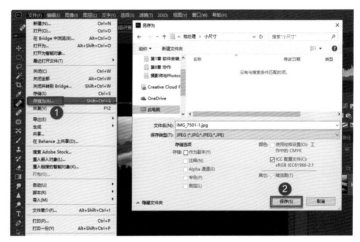

图1-40

**步骤 7** 前面介绍过，将照片的品质设定为10是一个比较理想的选择，所以此处将照片品质设定为10。从对话框中可以看到，此时的照片大小只有702.1KB，最后单击"确定"按钮，如图1-41所示。

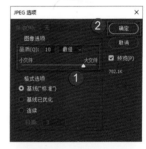

图1-41

**步骤 8** 此时"动作"面板如果收起来了，可以单击"动作"面板的快捷图标，再次将其打开。在"动作"面板的左下角单击"播放/记录"按钮，完成动作的录制。此时可以看到新录制的"动作8"的处理过程为图像大小→存储→关闭，如图1-42所示。

图1-42

**步骤9** 单击"文件"菜单项,选择"自动"→"批处理"命令,如图1-43所示。

图1-43

**步骤10** 因为新录制的动作名称是"动作8",所以在打开的"批处理"对话框中,选择"播放"动作为"动作8";然后将"源"设定为"文件夹",单击"选择"按钮,找到将要处理的照片文件夹;在右侧"目标"下单击"选择"按钮,将这些压缩尺寸的照片存储到目标文件夹,即新建立的"小尺寸"文件夹,如图1-44所示,最后单击"确定"按钮,开始批处理操作。

图1-44

**步骤11** 经过计算机计算运行处理,要进行尺寸压缩的照片很快被统一压缩,尺寸为2000像素×1333像素,如图1-45所示。这样就完成了照片的批处理操作。

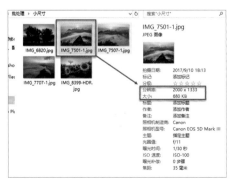

图1-45

第 **2** 章

# 精通摄影后期的两把钥匙

　　摄影后期主要包括二次构图，照片明暗影调层次的调整，照片色彩及画质调整，照片合成及特效制作等。

　　其中，对于明暗影调层次、色彩的优化是最基础、最核心的两部分。在观察一幅照片时，最直观的感受就是明暗影调层次及色彩的表现力。对于绝大部分初学者来说，影调与色彩调整是必须要优先掌握的两项摄影后期技能，也可以将其称为学习摄影后期的两把钥匙。

## 2.1 摄影后期的两个核心

图2-1所示的是前几年在乌兰布统坝上拍摄的一个午后场景。当时现场的光线还比较强，为了避免远处的天空过曝形成死白的一片，适当地压低了曝光值。由于场景中树木的色彩不够理想，部分偏青，而另一部分是灰色的，因此在低曝光值下，整体画面显得不够干净、清爽，没有表现出漂亮的秋色。

图2-1

经过后期调整可以看到，照片明暗影调层次得到了优化，画面干净了很多，如图2-2所示。

对于色彩比较杂乱的问题，通过调色将树叶转换成了金黄色，画面的色彩显得非常协调、一致，调整之后的照片看起来非常干净，给人一种清爽的感觉。

从照片效果来看，主要涉及了影调及色彩的调整。这也能说明，之前介绍的影调与色彩的调整是摄影后期的两个核心功能，也是学习摄影后期的两把钥匙。

图2-2

## 2.2 直方图

首先来学习照片明暗影调层次的调整。

对照片明暗的调整，要借助显示器来观察调整效果，但又不能仅凭显示器来控制修片的程度，因为显示器的精度会影响摄影师的判断。不同的显示器有不同的精度，为了解决这个问题，软件中一般都有直方图功能。将直方图和计算机显示器结合起来，就基本上能够解决照片明暗存在的问题。

直方图是一个比较抽象的概念，要理解直方图，需要从最基本的照片的黑、白开始学习。大家知道照片最暗的部分就是纯黑，最亮的部分就是纯白。但无论是纯黑还是纯白，都是没有办法显示照片细节的。因为纯黑之后会变为暗部溢出，纯白之后会变为高光溢出。

用于显示照片细节的部分，主要位于纯黑与纯白之间灰调的区域。在后期处理中，纯黑的亮度为"0"，纯白的亮度为"255"。

如果图像只有纯黑和纯白两级亮度，那它是不能成为照片的。

如图2-3所示，第1行中只有纯黑和纯白，两者影调是跳跃性的。第2行中纯黑"0"级与纯白"255"级的中间插入了一个亮度为"128"级的灰度区域。

那么，在纯黑与纯白之间就形成了一个灰色的过渡。但是从纯黑到纯白之间的明暗过渡仍然不够平滑，是跳跃性的。

接着往下看，从第3、4、5行中可以看到，在纯黑和纯白之间出现了非常平滑的明暗过渡。从纯黑逐渐变亮一直到最亮的"255"，那么0~255之间总共有256个亮度层次，也就是说，我们一般接触的照片有256级的亮度层次。

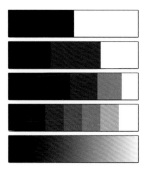

图2-3

**TIPS**

0~255之间总共有256个亮度层次，我们一般接触的照片就有256级的亮度层次，这样才能够满足影调层次既丰富又平滑过渡的需求。

### 2.2.1　黑白之间的直方图

如图2-4所示，这是一张黑白的人像照片。事实上，对于这种类型的照片来说，从人物胸前的衣服到背景中的蔷薇花，总共有256级亮度层次，并且从最高的255级亮度到最暗的0级亮度才是平滑过渡的。

影调层次非常丰富，过渡也比较自然，黑白照片和彩色照片都是如此。从图2-5中可以看到，紫色逐渐变亮，到最亮时变为了纯白，最暗时变为了纯黑。也就是说，某一种颜色同样是在0~255之间过渡的，同样有256级亮度。其他所有的色彩都是如此。同样，对于彩色照片也是用256级亮度来进行衡量的。

图2-4　　　　　　　　　　　　　　　　　　图2-5

在Photoshop软件中打开图2-6所示的这张原始彩色照片。在软件右上角可以看到"直方图"面板。

图2-6

为了更好地理解直方图对于明暗的影响，首先要对直方图进行扩展，因为当前显示的"直方图"面板提供的信息太少。

可以在直方图右上角单击打开下拉列表，在其中选择"扩展视图"命令，此时直方图下方显示了非常多的信息，如"平均值""标准偏差""中间值"及"像素"等，如图2-7所示。将从纯黑到纯白的渐变条贴到直方图底部，与直方图框的左右边线对齐，如图2-8所示。

也就是说，这个直方图方框的横轴从左到右对应的是0～255级亮度，共有256级亮度差，或者说是256个色阶。而直方图的纵轴代表某一级亮度的像素个数。例如，照片中亮度为50的像素共有多少个，在直方图中就以相应的纵向高度来表示，如图2-8所示。

在直方图中可以看到有一个暗青色的直方图，它对应的是照片的整体明暗状态。还有一些彩色的直方图，每一个彩色的直方图对应着这种颜色的明暗分布状态。例如，当前图中显示了洋红（M）、蓝色（B）、绿色（G）及红色（R）等不同色彩的明暗分布状态。对照片进行处理时，往往就需要借助于直方图，并结合显示器看到的画面进行调整，最终得到想要的结果。

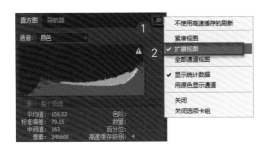
图2-7

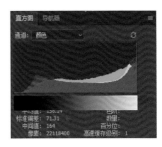
图2-8

### 2.2.2　解读直方图的丰富信息

从照片明暗影调层次的角度来说，单看某一种色彩的直方图分布是没有太大意义的。因此，在直方图的"通道"列表中，将直方图设定为"明度"，即明度直方图，这种直方图与照片的明暗层次才有很准确的对应关系，如图2-9所示。

在明度直方图中间的某一个位置单击，此时在直方图下方出现了"色阶""数量"及"百分位"等参数，如图2-10所示。

下面来解读一下直方图下方这些参数的具体含义。

**平均值：** 画面中所有像素亮度的平均值。所有像素的亮度相加，除以总的像素数，结果即为平均值。如果平均值超过了256级亮度的1/2，即128，那么这张照片就会比标准影调稍微亮一点。本照片中的平均值为159.89，说明这张照片从直方图来看是偏亮一点的。

**标准偏差：** 这是统计学的概念，没有必要了解得太深。

**中间值：** 将所有像素亮度进行一个总的排名，排名位于正中间的像素亮度值为169，高于中性灰的128，从这个角度也说明照片相对较亮。

**像素：** 所打开的这张照片总共的像素数。

**色阶：** 某一级的亮度。当前显示的亮度是151，即鼠标指针放在色阶上，单击的这个位置的亮度，如图2-10所示。

**数量：** 亮度为151的像素，总共有83 016个。

**百分位：** 0.38，即83 016个像素占据画面总像素的百分之几。

**高速缓存级别：** 在第1章已经介绍过，高速缓存的级别越低，照片的画质越细腻。但是，调整照片时的刷新速度也会非常慢。

从"通道"列表中选择"RGB"选项，可以看到RGB直方图，如图2-11所示。虽然也是灰白色的，但是与明度直方图有一定差别，两者只是有一个大致的相似度。RGB直方图主要用于呈现三原色，是取所有色彩直方图的一个平均值，只能大致反映照片的明暗，并不能准确对应照片的影调层次。

当前的直方图中显示，亮度为"0"的位置已经出现了像素，即有像素变为了纯黑，但事实上是没有的，只是三原色中某一种颜色在此变为了纯黑。例如，红色变为了纯黑，出现了暗部损失，但是绿色和蓝色没有，取三者的平均值后，RGB直方图仍然显示有像素变为了纯黑，但从整体明暗的角度来看，并没有像素真的变为了纯黑。

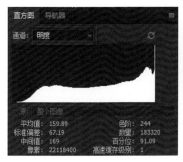 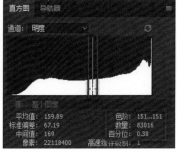 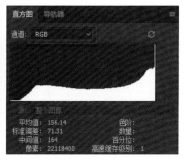

图2-9             图2-10            图2-11

下面来分析所打开照片的直方图状态。

打开原始照片之后，单击直方图右上角带"！"的标记，取消高速缓存，看到最真实的直方图。

如图2-12所示，在直方图的最右侧，亮度为"255"的纯白位置上出现了大量像素，因为纵轴升得很高。从图中可以看到，左上角天空部分、前景岩石的最亮部分、人物胸前和白色衣服部分几乎变为了纯白，并且变为纯白的像素是非常多的，所以从直方图上展示了出来。

图2-12

对照片进行一定的调整之后，可以看到左上角变为纯白的部分显示出了一定的细节信息，包括岩石、人物的衣服都显示出了一定的层次，即亮度降了下来，不再为纯白。此时右侧亮度为纯白的部分已经没有了像素堆积，如图2-13所示。

此外，这里压暗了照片的暗部，从背景的蔷薇部分可以看到，最黑的部分变暗了，而此时直方图的波形也已经触及了左侧边线。这样，整张照片的色阶分布就处于0～255全色阶范围之内，并且在"0"和"255"这两个位置没有出现大量的像素堆积。此时的照片影调层次才是合理的，通过直方图的指导与配合，最终得到了这样一个画面。

图2-13

下面来介绍在具体的修片过程中,怎样通过直方图来判断和指导后期处理操作。

对照片进行调整之后,观察图2-14所示的直方图,可以看到直方图中偏亮的位置是缺乏像素的。也就是说,没有像素的亮度达到180或者200,右侧出现了大片空白,而照片没有亮部的色阶肯定是不合理的。

观察直方图的左侧,在纯黑的位置出现了大量的像素堆积,并且中间调区域的像素都比较偏左,也就是偏暗。从直方图来判断,照片肯定是亮度不足,整体灰蒙蒙的。从照片画面中也可以看出,这张照片曝光不足,也就是说这种左坡形的直方图是曝光不足的一种表现。并且从直方图左上角的三角标上可以看到,警告标志变白,表示暗部有大量的像素变为了纯黑,出现了暗部溢出的问题。

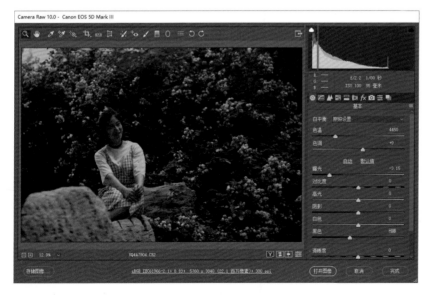

图2-14

经过轻微的调整之后，波形没有太大变化，但是三角标已经不再为白色，而是变为了红色。这表示暗部并没有像素变为纯黑，只是有像素中的红色成分仍然是黑色，但是包括绿色和蓝色的色彩成分是没有问题的，如图2-15所示。

图2-15

继续对照片进行调整，提高曝光值之后，可以看到照片整体非常亮。左侧纵轴数值都比较小，而到了最亮的部分纵轴值都比较大，甚至在纯白的边线位置出现了很大的纵轴值，即出现了大量的像素堆积，并且出现了三角标变白的高光溢出情况。这表示照片有严重过曝的像素，像素整体或者说直方图的重心偏右，这表示照片整体比较亮，而三角标变白表示照片有大片的高光溢出，如图2-16所示。

图2-16

**TIPS**

结合直方图与照片画面来看，就可以知道照片出现了什么问题。

图2-17中的照片对比度比较高，影调层次也比较丰富，但是也有明显的问题，左上角、左下角及人物的衣服等部分变为了纯白，而背景中许多花丛深处变为了纯黑。

从直方图可以看到，在最暗与最亮的位置出现了大量的像素堆积，并且左上角与右上角的三角标变白，这表示暗部与高光位置都出现了溢出，这是照片画面反差太高的典型表现。

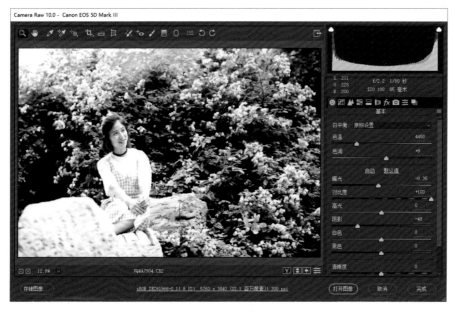

图2-17

再来看最后一种情况，如图2-18所示。无论从直方图还是照片画面中，最暗与最亮的部分均没有像素堆积，也就是说没有高光和暗部溢出。

但是，最亮与最暗的部分纵轴都非常小，即暗部与较亮部分的像素都比较少，像素主要集中在中间调区域，即亮度为128的中性灰区域。这是一种孤峰形的直方图，对应的照片画面就显得灰蒙蒙的，明暗反差很低。这种直方图对应的照片影调层次往往也是不合理的。

回顾前面介绍的这几种直方图，都各有缺点。只有初次打开的原始照片，进行调整之后的直方图是比较合理的。没有高光与暗部的像素损失，直方图的波形分布也比较合理，重心基本上位于"直方图"面板的中间位置。

图2-18

**TIPS**

在后续的修片中，对照片进行大量处理之后，往往还要借助直方图的指导来对修片效果进行确认。只有视觉比较理想，而直方图又基本没有问题的照片，才能有较好的影调层次表现。

## 2.2.3 修片的指南针

前面介绍过合理的直方图和有问题的直方图状态。但事实上，这并不是非常绝对、非常客观的知识。有些直方图看似有问题，但它对应的照片正是我们追求的效果。例如，图2-19所示的照片画面是在日落时分、逆光拍摄的半剪影照片画面。

从直方图中可以看到，一般影调区域是缺乏像素的，像素大多集中在比较暗和比较亮的部分，是一种凹槽形的双峰直方图。从直方图来看，照片的反差过高；但从照片画面来看，这是一张比较合理的照片。通常来说，一般日落日出或者逆光拍摄的照片画面都有这种直方图。

**TIPS**

不能只要看到凹槽形的直方图就认为照片一定是有问题的。

图2-19

图2-20所示的照片画面是一张夜景星空照，整体的亮度比较暗。从直方图来看，这种左坡形的直方图是典型的曝光不足。相对于在晴天室外拍摄的照片来说，这种波形是有问题的，但对于夜景及微光的照片来说，它呈现的大多是这种直方图，包括一些低调的照片画面也会是这种波形的直方图。

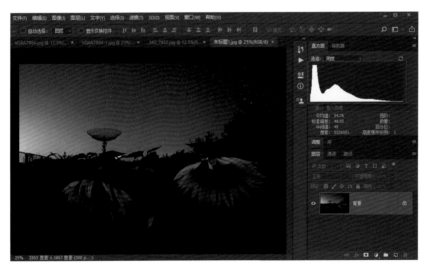

图2-20

## TIPS

因此，不能说这种直方图对应的照片影调层次就有问题。

图2-21所示的照片画面是一张小清新的人像写真。从直方图来看，照片整体曝光过度。但事实上，小清新人像摄影、高调人像及一些高调风光照片中都有这种波形。

图2-21

最后一种情况如图2-22所示，雪松下水汽弥漫的湖上，天鹅自由地游来游去，画面非常唯美。影调层次比较理想，但从直方图来看，这是一种典型的孤峰形直方图，照片反差太小；从直方图来判断，影调层次不合理，但照片画面的表现力很好。也就是说，即便是孤峰形的直方图，也不能确定照片的影调层次就一定有问题。

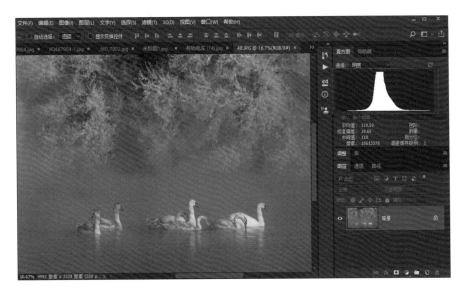

图2-22

## TIPS

在实际的修片过程中，对于一般的照片，可以借助于之前介绍的知识，通过直方图来判断照片的影调层次是否合理，但一些特殊的场景，还要具体问题具体对待，要根据实际场景来分析直方图。

对于照片影调层次的后期处理，在Photoshop中主要通过"调整"菜单中的"亮度/对比度""色阶（快捷键：【Ctrl+L】）""曲线（快捷键：【Ctrl+M】）"及"曝光度"这几个命令来实现。单击"图像"菜单项，选择"调整"命令即可，展开级联菜单，最上方的四项命令就是经常使用的"影调"优化调整命令，如图2-23所示。菜单中还包括"阴影/高光""HDR色调"及"渐变映射"等命令，使用这些命令也可以对照片的影调进行较大幅度的调整。但最常用的功能主要就是图中圈出来的这几种，其中"曲线"功能的使用最为频繁。

图2-23

如图2-24所示，这是通过"色阶"命令打开的"色阶"对话框。"色阶"对话框的中间有一个直方图，一般的调整就是围绕这个直方图来进行的。

如图2-25所示，这是通过"曲线"命令打开的"曲线"对话框，可以看到中间也有一个直方图。

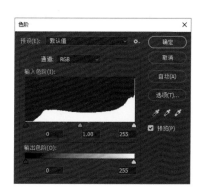

图2-24

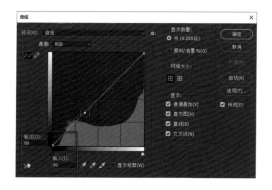

图2-25

**TIPS**

曲线调整也要围绕直方图来进行操作，由此可见，直方图确实是照片影调层次调整的一个指南针。

## 2.2.4 实战：学会曲线，一通百通

在实际应用中，对于照片影调层次的优化主要是通过调整曲线来实现的。下面介绍利用曲线进行照片影调层次优化的具体步骤。

**步骤 1** 打开如图2-26所示的原始照片。从照片画面及直方图上可以看到，照片缺乏一些暗部与亮部的像素，并且像素主要集中在中间调位置。整体上看，照片是一种孤峰形的直方图，反差比较小，画面灰蒙蒙的。

图2-26

**步骤 2** 单击"图像"菜单项，选择"调整"→"曲线"命令，如图2-27所示。

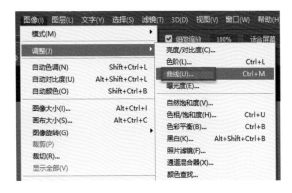

图2-27

**步骤 3** 此时会打开"曲线"对话框，如图2-28所示。可以看到，"曲线"对话框中也有一个直方图，这时用鼠标选中中间这条斜线右上角的锚点并水平向左拖动。此时，下方（灰度条）右侧的（白色）滑块也发生了向左的偏移。通过裁掉右侧（空白）缺乏像素的部分，让照片高光部分变得更亮。向左拖动之后，有一个输入与输出值，输入值为"188"，输出值为"255"，这表示将原照片中亮度为"188"的像素提亮到了"255"。进行提亮操作是为了确保照片的亮部足够亮。此时，在Photoshop主界面的"直方图"面板中单击高速缓存的三角标，可以看到，直方图最右侧的部分刚好触及边线，但又没有升起。这样照片最亮的部分就调整到位了。

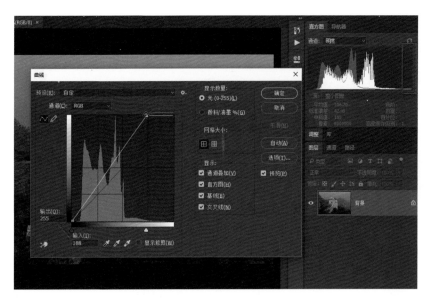

图2-28

**步骤 4** 接下来用鼠标选中左下角的锚点并水平向右拖动，裁掉左侧空白的区域，这表示将
原照片中亮度为"16"的像素压低为亮度为"0"。这样就将照片的整体亮度控制在
0～255的全色阶范围内。对于原照片来说，照片的影调范围是16～188，最暗像素是
"16"，最亮像素是"188"，而0～15及189～255这两个亮度范围是没有像素的。通
过裁掉两边，将中间的亮度范围的像素拉伸到全色阶范围内，对照片的整体明暗影调
进行了重新定义；从直方图中也可以看到，左右两侧的直方图波形已经触及边线，并
且没有升起，如图2-29所示。

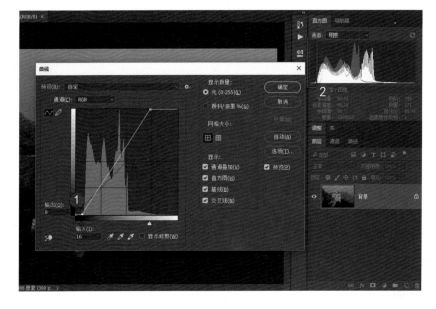

图2-29

此时，照片画面如图2-30所示。可以看到与原照片相比，照片最暗的部分和最亮的部分都比较合理了。

图2-30

照片的最亮与最暗部分调整合理之后，接下来对照片的整体层次再次进行优化。因为此时的照片对比度偏低，影调层次显得不够丰富，看起来不够鲜明。这时可以通过曲线进行调整。

如图2-31所示，建筑受光线照射的部分亮度仍然不够，此时就要将其提亮，需要在曲线上找到与这个亮度对应的点，选中之后向上拖动。从拖动调整之后的效果来看，输入由"144"变为了输出的"217"，即原照片中墙体部分的亮度为"144"，向上拖动曲线之后亮度变为"217"。

怎样在曲线上找到与墙体对应的这个点呢？其实很简单，只要把鼠标指针移动到照片中的墙体上，按住【Ctrl】键并单击，这样在曲线上就生成了与墙体亮度对应的位置，并找到它的亮度"144"，然后向上拖动，输出时变为了"217"，将其进行了提亮。

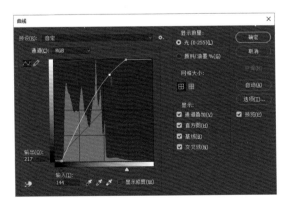

图2-31

将亮度提高到"144"像素之后，周边的一些像素也会相应变亮，因为曲线是平滑的。但是我们不想让地面的树木部分也变亮，所以，可以在曲线的左下端（对应的是照片的暗部）单击创建一个锚点，选中这个锚点之后向下拖动，适当地恢复一些，避免这部分也变亮，最终形成了一个类似于S形的曲线形状，如图2-32所示。

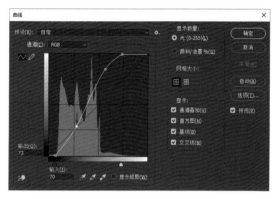

图2-32

**TIPS**

这种S形曲线可以增加照片的对比度。

经过曲线调整之后，不仅照片的最暗与最亮部分得到了重新定义，中间调区域对比也得到了强化，影调层次变得更加丰富和鲜明，照片也就变得好看了，如图2-33所示。

图2-33

对照片整体进行调整之后，如果还是不满意，可以重新打开"曲线"对话框，根据之前介绍的知识，先提高照片的亮度，然后适当地恢复一下暗部（S形曲线，增加照片中间调区域的对比度）。

通过改变曲线的形状，对照片重新进行调整，如图2-34所示。调整完毕后，单击"确定"按钮返回。经过再次调整之后，画面整体的效果和影调层次更加理想了，如图2-35所示。

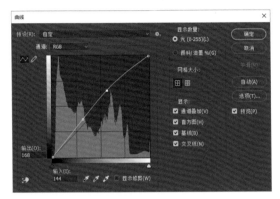

图2-34

图2-35

之前的调整涉及了这样一个知识点：对照片进行调整时，不能只根据"色阶"或"曲线"对话框中间的RGB直方图来判断照片的明暗，它只是提供了一个大致的参考。判断照片最终的明暗时，要通过Photoshop主界面右上角的"明度"直方图来判断，而"明度"直方图的右上角有一个带感叹号"！"的三角标，表示高速缓存，如图2-36所示。观察照片调整好之后的直方图时，要单击这个高速缓存图标，取消高速缓存状态，这样才能真正观察到最终的直方图状态，如图2-37所示。

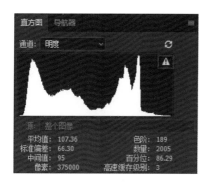

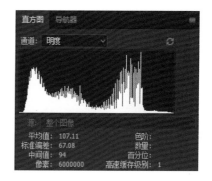

图2-36　　　　　　　　　　　　　　　　　图2-37

事实上，使用曲线进行照片影调层次的调整，还有一种更为简单的方法。依然使用之前调整好之后的照片。

首先，展开"历史记录"面板，选中"打开"选项，如图2-38所示。这样可以将照片恢复到未调整时的原始状态。

然后，单击"图像"菜单项，选择"调整"→"曲线"命令，再次打开"曲线"对话框。如图2-39所示，根据直方图的状态，重新定义照片最亮和最暗的位置，让照片能够在0～255的范围内实现全色阶覆盖。接下来，在"曲线"对话框的左下角选中"抓手"图标，它可以选择并调整用户想调整的位置，通常被称为"目标选择与调整工具"。

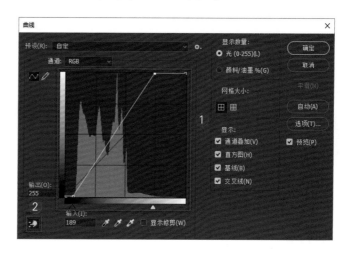

图2-38　　　　　　　　　　　　　　图2-39

选择抓手工具之后，将鼠标指针移动到照片中，因为要调整中间调区域的亮度，所以将鼠标指针放到被光线照射的墙体上，按住鼠标左键向上拖动，如图2-40所示。此时可以发现，向上拖动之后，"曲线"对话框的曲线上自动生成了一个对应的锚点，这个锚点会相应地向上移动，带动曲线向上方变化。

图2-40

因为不想让地面的树景也变亮，所以将鼠标指针移动到树木上，按住鼠标左键向下拖动。从"曲线"对话框中可以看到，曲线上也生成了一个锚点，带动暗部向下恢复亮度，这样就得到了一条类似于S形的曲线，让画面的反差整体上变得更加理想，如图2-41所示。

图2-41

**TIPS**

事实上没有必要费力地查找某一个点所对应的亮度，具体调整时只要在"曲线"对话框的左下角选择"抓手工具"，就可以直接对照片中的某些区域进行明暗影调的调整了。

在"曲线"对话框中还有多个参数，它们所代表的含义也非常直观，如图2-42所示。图中给出了这些具体的参数复选框对应的意义，如"网格大小""通道叠加""直方图""基线"及"交叉线"等，从这些复选框指向的箭头就可以理解其对应的意义了。

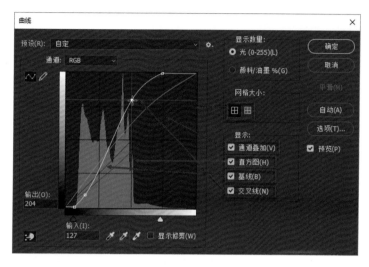

图2-42

**TIPS**

"通道叠加"是指如果对某种色彩的曲线进行了调整，对RGB曲线也进行了调整，那么选中这个复选框之后再回到RGB通道界面时，会显示出每一条曲线的状态。如果取消选中这个复选框，那就只会显示RGB曲线，而不会显示某种色彩曲线的状态。

事实上，曲线调整功能中还有一些比较好用的功能。例如，可以在图2-42最下方的三支吸管中选择中间的吸管，在照片中查找中性灰、对照片的白平衡进行校准等。

## 2.3 混色原理

在后期处理中对色彩的调整主要是根据混色原理进行的。混色原理其实非常简单，只需记住几条简单的规则和原理就可以掌握。

### 2.3.1 三原色的来历

在学习混色原理之前，先来回顾几个常识。我们知道，自然光线是由七色光所组成的。这七色光混合之后，就构成了白色，或者说是无色的光线，如太阳光线。

自然光线经过一块三棱镜时，可以分离出七色光线。因为三棱镜对于不同光波的折射率是不同的，具体的拆分原理如图2-43所示。可以看到，三棱镜拆分出了红、橙、黄、绿、青、蓝、紫这几种不同色彩的光线。

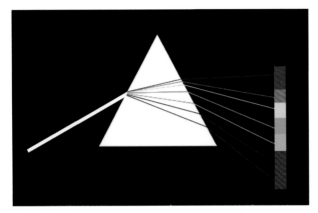

图2-43

事实上，除了红色、绿色与蓝色之外，橙色、黄色、青色、紫色这一类光线可以被再次分解。经过再次分解之后，又被拆分出了红色、绿色与蓝色这三种颜色。因此，"红、绿、蓝"是所有光线的终极状态，被称为三原色。

从图2-44中可以看到，接近于紫色的洋红、青色、黄色等是由三原色叠加出来的，而红色与蓝色叠加出洋红色之后，再与绿色相叠加，就出现了白色，也可以说是三原色叠加出了白色。

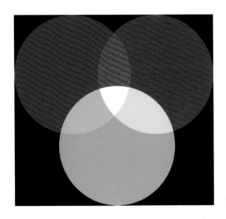

图2-44

## 2.3.2  混色原理及其应用

在后期处理中，借助三原色叠加的原理，就可以设计出一些具体的功能。在设计具体功能时，还要了解一个常识：如果一张照片的色彩比较准确，通常来说，它是在白色或者没有色彩的光线下所显示的效果。例如，在晴天的室外，可以看到所有的色彩都非常准确，而这些色彩之所以呈现出正常的状态，是因为晴天室外的光线是没有颜色的。如果此时的光线偏红色，那我们看到的景物色彩一定也是偏红色的。

所以，调色的一个基本原理是让光线变为白色或者无色，这时就会产生这样一个问题：如果我们看到的景物呈现红色该怎么办？很明显，可以降低它的红色成分，让这种光线趋向于没有颜色，即无色，那景物色彩自然就正常了。

## TIPS

很多时候，校色就是让光源变为白色或者无色的过程。

如果照片的色彩偏蓝该怎么办？

此时可以降低蓝色的比例，或者增加黄色的比例，两者的作用一样，都是调和黄色与蓝色的比例，让这两者混合得到白色。蓝色与黄色混合的概念可能不好理解，可以这样想，黄色是红色与绿色混合叠加得到的，所以蓝色与黄色的混合，其实也就是三原色的混合，这样就比较容易理解。

为了更直观地展示混色原理，绘制出了图2-45所示的这样一张图片，首先将红、橙、黄、绿、青、蓝、紫这几种色彩绘制在这个色轮图上。然后将橙色替换为相近的黄色，紫色替换为相近的洋红。可以看到三原色位于三个角上，另外3种颜色正好位于三原色所在直径的另一端。

这种色轮图上直径两端的颜色混合正好能够得到白色。

- 红色+青色=白色（R+C=W）
- 绿色+洋红=白色（G+M=W）
- 蓝色+黄色=白色（B+Y=W）

所谓调色，就是以这三组能够混合出白色的色彩叠加规律为基础的。两种颜色混合能够得到白色的一组色彩称为补色。

- 红色（R）的补色为青色（C）
- 黄色（Y）的补色为蓝色（B）
- 绿色（G）的补色为洋红（M）

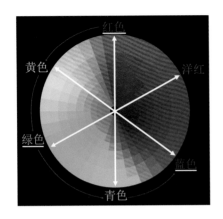

图2-45

在具体调色时，调色功能主要分布在"调整"菜单的中间部分。具体包括"自然饱和度""色相/饱和度""色彩平衡""黑白""照片滤镜""通道混合器"及"颜色查找"等，如图2-46所示。

除此之外，曲线和色阶等影调层次调整功能也可以用来调色。如图2-47所示，打开"色彩平衡"对话框，可以看到3个色条，右端有红色、绿色和蓝色，也就是三原色。而三原色左侧的对应颜色就是它们的补色——青色、洋红与黄色。

图2-46                    图2-47

想一想之前介绍的知识点，红色与青色为什么会被放在一起呢？因为这两者相加等于白色。

在具体调色时，如果照片偏青色该怎么办？可以降低青色的比例，或者增加红色的比例，这些都可以改变青色和红色的比例。最终调和出白色，让照片的色彩趋于正常。

本来一张色彩正常的照片，要想让它偏绿色一点，该怎么办？很简单，增加绿色或者降低洋红就可以。这就是色彩平衡的调色原理，其实就是混色原理的具体应用。

另一种调色的功能类似于曲线。打开"曲线"对话框，如图2-48所示。在"通道"下拉列表中可以看到，除RGB混合通道外，还有"红""绿""蓝"这3个通道，先选择"红"通道。如果在红色曲线上创建一个锚点，向上拖动，照片肯定会变得偏红。如果向下拖动这个红色曲线，相当于减少红色，而增加它的补色青色，照片肯定会偏青。

在"色彩平衡"对话框中可以直接看到三原色和它的补色，而曲线这种调色功能中只有三原色，这就需要记住三原色及它们的补色。这样，通过曲线的上下调整就可以实现调色了。

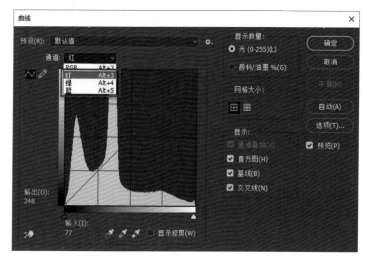

图2-48

在Photoshop软件中还有一类调色功能，如"可选颜色"（该选项在"图像"→"调整"菜单中）。打开"可选颜色"对话框，在"颜色"通道中选择"红色"，如图2-49所示，表示将要对照片中红色系的景物进行调整。具体调整时，可以按照之前介绍的混色原理进行操作。

例如，这里已经将颜色选择了"红色"，可以看到下方有"青色""洋红""黄色"及"黑色"，如图2-50所示。

如果提高"青色"的值，就相当于减少红色。

如果提高"洋红"的值，就相当于减少绿色。

如果减小"黄色"的值，就相当于减少黄色，添加一定的蓝色，让红色系的景物变得偏蓝一些。

至于"黑色"，它代表在红色中加一点黑，让红色的亮度变得暗一些。

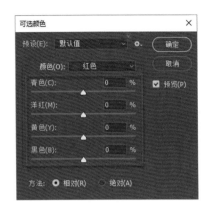

图2-49 图2-50

下面通过一个具体的案例来验证调色功能的原理与使用技巧。

首先，打开图2-51所示的照片，这是在白色的光线下拍摄的，可以看到照片的色彩非常准确。

图2-51

打开"曲线"对话框，切换到绿色通道，然后向下拖动绿色曲线，如图2-52所示。此时如果不看调整后的照片效果，设想一下，照片会是一种什么状态？因为降低了"绿色"，相当于增加了"洋红"色，所以照片一定会变得偏洋红色。

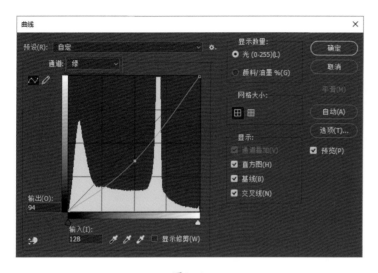

图2-52

此时可以看到，调整绿色曲线之后，照片的某些区域变得偏"紫色"，也可以说是偏"洋红"。这是降低了照片中的绿色成分所导致的，如图2-53所示。

图2-53

曲线的调色功能强大与否，还在于它是否能与照片中一些不同的明暗区域对应起来。例如，此处降低了中间调的绿色，然后在暗部及右上方的亮部分别单击创建一个锚点，向上恢复一些，形成图2-54所示的这样一条绿色曲线。

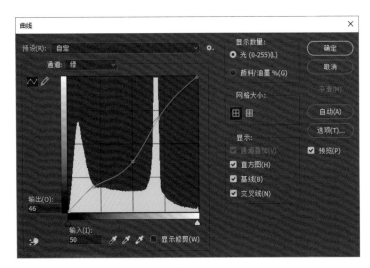

图2-54

　　在不看处理效果的前提下，可以设想一下调整之后的照片状态。

　　如图2-55所示，由于只降低了中间调，即中性灰的一些绿色，因此只有中性灰附近的一些位置会变得偏洋红色，而暗部和亮部的色彩仍然处于正常状态。从照片中可以看到，只有右侧的中性灰位置的色彩偏洋红。至于亮部的天空及左下角的暗部阴影部分，色彩没有明显变化。

图2-55

　　以上大致介绍了对照片进行明暗调整及调色的两个核心原理，这是学习摄影后期必须要掌握的两把钥匙。如果感觉掌握得不够扎实，可以反复阅读前面介绍过的知识点，多学习几次之后，对直方图及混色原理就会有一定的了解，就可以开始学习后续的知识了。当然，这里也不会要求用户一开始就熟练掌握直方图和混色原理，因为后续所有的调整都是围绕这两个原理进行的，可以在后续的具体案例中更加深入地理解这两把钥匙，并学会熟练地使用。

第 **3** 章

# Photoshop的四大基石

摄影后期中的第一类功能相对比较简单，如色阶、曲线等，只要掌握了
这些功能就可以完成某项任务，如对照片的明暗色彩进行调整等。而另外一些
Photoshop功能在单独使用时是没有意义的，无法影响照片的本身属性，往往
要与调整性的功能结合起来共同完成某项任务，这类功能主要包括图层、选
区、蒙版及通道等辅助性的功能。

辅助性功能看似简单，但却是最基础也最重要的一些基本功能。几乎所有
的摄影后期照片处理，甚至是平面设计都需要借助这些辅助功能，所以这4种辅
助功能是Photoshop的精华所在，也是Photoshop后期处理的四大基石。

## 3.1 图层

在Photoshop中打开一张数码照片，可以将其想象为一张实体的纸质照片。继续打开另外两张照片并叠在一起，那么现在就有三张不同的纸质照片叠在一起，形成了三层的照片结构。一层照片结构可以用一个图层来描述，即一张照片变为一个图层。数码照片同样如此。当然，图层不仅可以应用于照片，也可以应用于某些线条、文字等。

### 3.1.1 图层的概念与常识

如果将叠加起来的图层中最上方的图层去掉一片区域，那么去掉的区域就会中空，露出下方图层的内容。最终看到的效果就是两个图层的一种叠加画面。在软件中，将多张不同的数码照片叠加在一起，可以使用橡皮擦擦掉上方图层的内容而露出下方图层的局部，最终实现图层的合成，这是图层的一种典型应用。下面通过两张数码照片的简单合成，来进一步介绍图层的概念及图层的一些基本知识。

在Photoshop中打开两张照片，在工作区左上角可以看到这两张照片的标题，其中被激活状态的照片的标题处于高亮状态，如图3-1所示。

此时，建筑照片处于激活状态，工作区中展示的是这张照片的画面，而"图层"面板中对应的是这张照片的图层图标。两者指向的都是这张照片，工作区用于展示照片的全画面，"图层"面板中的图层图标用于展示图层，便于后续从宏观上对照片进行一些调整。

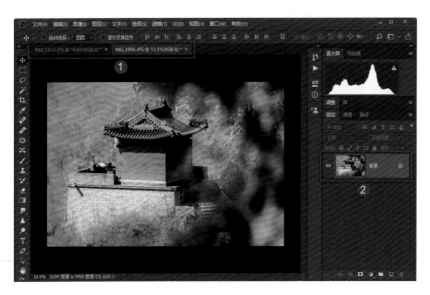

图3-1

　　将鼠标指针移动到打开的另一张照片的标题栏上并单击，这样可以激活另一张照片，可以看到这是一张桃花的照片。在工具栏中选择"移动工具"，将鼠标指针移动到桃花照片上选中并向建筑照片的标题上拖动。目的是将这张桃花照片移动到建筑照片上，形成一个图层的叠加，如图3-2所示。

图3-2

　　将桃花照片移动到建筑照片的标题上之后，工作区中的建筑照片处于激活状态，然后在"图层"面板中将桃花照片拖到建筑照片上，得到如图3-3所示的效果。

　　此时可以看到，桃花的照片作为上方的图层，遮挡住了下方照片图层的绝大部分，从"图层"面板中可以清楚地看到这两个图层的结构。

图3-3

在工具栏中选择"文字工具"，在上方的选项栏中可以设置该工具的一些具体参数。对于文字工具来说，可以设定文字的格式、大小及颜色。

设置好之后，将鼠标指针移动到工作区的照片上输入文字，这里输入的文字为"居庸关长城"。在右侧的"图层"面板中可以看到此时的整个照片画面有三层结构：第一层是文字图层，第二层是桃花照片，第三层是建筑照片，如图3-4所示。

图3-4

## 3.1.2 图层的基本操作

在掌握了图层的一些基本概念之后，现在来进一步了解有关图层的基本操作。之前已经将两张数码照片叠加在一起，并在上面创建了一个文字图层。

如果要隐藏某个图层，只要在"图层"面板中单击取消图层前的小眼睛图标就可以了，如图3-5所示。可以看到文字图层已经被隐藏了，但并没有被删除。将鼠标指针移动到小眼睛图标的位置并单击，就可以再次显示这个图层。

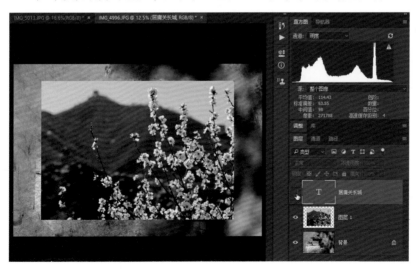

图3-5

当3个图层叠加在一起时，如果要编辑某个图层，如只想让桃花照片发生变化，那么在编辑之前，首先要将鼠标指针移动到桃花照片的图层图标上，选中这个图层，才可以对这个图层进行操作，如图3-6所示。

如果要改变不同图层的上下顺序，可以选中该图层的图标并向上拖动或向下拖动，如图3-7所示。这里选中文字图层的图标向下拖动，可以与桃花图层交换位置，使桃花图层位于最上方，这样就遮挡了下方的文字图层。但文字图层只是被遮挡了，并没有消失。

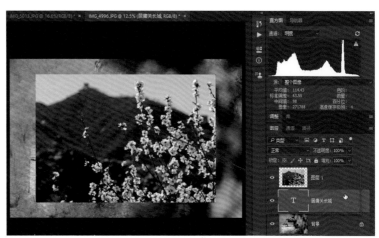

图3-6                                                图3-7

桃花照片尺寸比较小，无法完全覆盖建筑照片。要调整该照片的尺寸大小，要先选中该图层图标，再执行"编辑"→"自由变换"命令，如图3-8所示。此时所选中的图层就处于可编辑状态，四周出现了可调整尺寸的调整线，将鼠标指针放到调整线上，它会变为双向可调整的箭头，按住鼠标左键并向外拖动，可以放大照片的尺寸，如图3-9所示。

图3-8                                                图3-9

因为之前已经选中了这个图层，所以调整只针对这个图层，经过调整之后将桃花图层的大小进行了改变，让其完全覆盖住建筑图层。

在"图层"面板中最初打开的建筑图层作为背景图层出现。在背景图层的右侧有一个小锁的标记，这表示该图层处于锁定状态，锁定的是照片中像素的位置，即像素位置固定，不能进行任何移动。但是，仍然可以对这个锁定的图层进行一些明暗及色彩的调整。

如果要取消锁定，只要将鼠标指针放在锁定图标上单击，就可以为这个图层解锁，如图3-10所示。解锁之后的背景图层变为"图层0"，这个图层与后续加上的桃花图层完全一样，如图3-11所示。此时可以改变像素位置或调整照片大小。

如果要复制出两个完全一样的图层，可以按【Ctrl+J】组合键，这样就复制出了一个与之前图层完全一样的图层，只是名称不同，如图3-12所示。

图3-10　　　　　　　　　图3-11　　　　　　　　　图3-12

除了上述方法外，右击想要复制的图层，在弹出的快捷菜单中选择"复制图层"命令，也可以复制新的图层。

在图层的右键菜单中有许多比较重要的命令，如"复制图层""删除图层""向下合并"及"合并可见图层"等，都是经常使用的一些功能，如图3-13所示。

下面来继续调整打开的桃花照片与建筑照片。

图3-13

　　将3个图层叠加在一起，并将桃花图层的大小调整到能够覆盖住建筑图层之后，选中建筑图层图标向上拖动，让其覆盖在桃花图层的上方。在工具栏中选择"橡皮擦工具"，在上方的选项栏中可以设置画笔的大小和不透明度。然后将鼠标指针移动到照片画面中，擦掉除建筑实体部分之外的一些山景树木等，如图3-14所示。

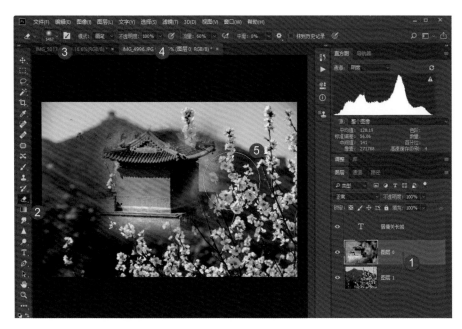

图3-14

　　使用橡皮擦擦拭，这样就只保留了建筑图层的建筑部分，将其与桃花图层进行合成，得到了一种照片合成的效果。另外，选中建筑图层还可以改变图层的不透明度，让这个图层与桃花图层的融合效果更理想一些，如图3-15所示。

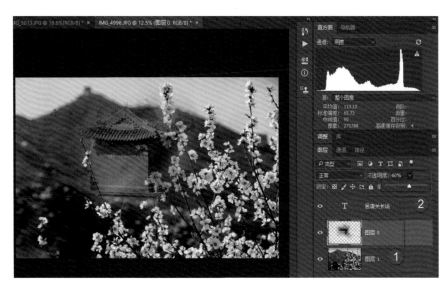

图3-15

## 3.2 选区

在Photoshop中打开照片，利用"曲线"命令可以调整照片的明暗和色彩，这种调整是针对整个照片画面的。在实际应用中，可能只需要调整照片局部的明暗色彩，这时使用选区就比较方便了。

### 3.2.1 选区的概念

首先打开图3-16所示的照片。这里将建筑部分选择出来，对其进行一定的调整。当然，也可以选择天空部分，然后进行反选，最终也能为建筑部分建立选区。在本例中，可以通过使用选区工具，先将天空部分选择出来。

此时可以看到，选区就是用蚂蚁线选中的一个封闭区域，如图3-17所示，当前已经将天空完全选择了出来。

图3-16

图3-17

接下来可以按【Delete】键将选择出来的天空部分全部删除，删除之后呈现出的网格状态表示此时背景是空白的，该区域没有任何像素，这样照片就只保留了建筑部分，如图3-18所示。

后续的调整就只是针对保留下来的建筑部分了，按【Ctrl+D】组合键可以取消建立的这个选区。

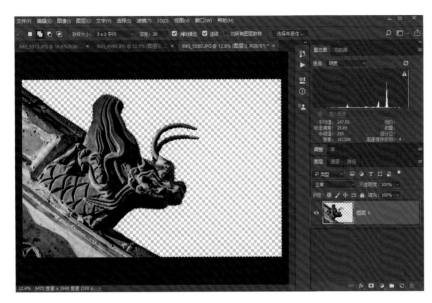

图3-18

## 3.2.2 规则几何工具与选区的运算

利用选区可以对照片进行局部的合成及调整。对于选区来说，需要掌握两方面的内容：一是对不同选区工具的使用，因为只有借助不同的选区工具，才能将一些形状各异的不同景物合理地选择出来；二是选区的运算，一次性建立的选区可能不够精确，需要多次进行选区添加或减去等操作，将多次建立的选区组合在一起，这种组合方式就称为选区的运算。

首先来看第一类规则性的几何选区工具，包括选框工具、套索工具等。要使用某种工具时，在工具栏中单击这组工具图标，此时可以展开折叠在一起的多种同类型工具，如图3-19所示。

图3-19

选择"矩形选框工具"，在照片中拖动鼠标指针就可以建立一个矩形的选区，如图3-20所示。拖动鼠标指针建立矩形选区的同时按住【Shift】键，这样可以将绘制的矩形变为正方形，如图3-21所示。

图3-20                                    图3-21

椭圆选框工具与矩形选框工具几乎完全一样，直接拖动会拖出一个椭圆，如图3-22所示。但如果拖动椭圆的同时按住【Shift】键，则会拖出一个圆，如图3-23所示。

如果不进行设定，那么一次性在照片画面中只能建立一个选区。如图3-24所示，选择某种选区工具之后，首先建立一个选区，此处建立了一个矩形的选区；接下来，在上方的选项栏中单击"添加到选区"图标；然后选择"椭圆选框工具"，这样就可以在照片画面中再次建立一个选区，而之前建立的选区并不会消失。这样实际的选区就有两个：一个是矩形的选区，另一个是圆形的选区。两个区域之内的部分都是被选中的。

图3-22                                    图3-23

图3-24

建立一个选区之后，如果在选项栏中将其运算方式选为"从选区中减去"，如图3-25所示，那么一旦两个选区有所重合，重合部分就会被减去。从选区减去的实际效果如图3-26所示，可以看到矩形区域右侧被减去了一部分。

利用添加到选区的方式，让两个选区靠近，重合部分不会显示，叠加的效果如图3-27所示。设定"与选区交叉"这种运算方式之后，两个选区进行交叉之后剩下的区域如图3-28所示。

图3-25

图3-26

图3-27

图3-28

### 3.2.3 羽化的重要性

羽化是处理图片的重要工具。羽化的原理是令选区内外衔接部分虚化，起到渐变的作用，从而达到自然衔接的效果。

之前已经看到，建立选区之后，选区的边线非常规整，但也非常生硬。图3-29所示为建立一个矩形之后的选区。

图3-29

此时进行调整的是选区之内的区域，如进行"亮度/对比度"调整，将亮度降到最低，对比度调到最高。可以看到选区之内的区域明暗发生了非常大的变化。但是，这种变化与周边的区域有明显的区别，它没有平滑的过渡，两者的结合非常生硬，如图3-30所示。

图3-30

现在重新进行操作。首先建立一个选区，然后在选区内右击，在弹出的快捷菜单中选择"羽化"命令，如图3-31所示。打开"羽化选区"对话框，在"羽化半径"文本框中输入"80"，然后单击"确定"按钮，如图3-32所示。

图3-31

图3-32

对羽化之后的选区进行同样的"亮度/对比度"调整，效果如图3-33所示，调整完毕之后按【Ctrl+D】组合键取消选区。此时可以看到调整内的区域与周边区域虽然仍有明显的区别，但是两者之间的过渡已经变得非常柔和了，有一个相对平滑的过渡，这就是羽化的作用，如图3-34所示。

如果设定更大的羽化半径，那么调整区域与未调整区域的过渡将更加平滑、柔和、自然、真实。

图3-33                              图3-34

羽化方面的另一种使用方法是在工具栏中选择"矩形选框工具"，在上方的选项栏中设定羽化值，再建立选区。可以看到，建立后的选区是一个圆角的，这表示已经羽化，如图3-35所示。

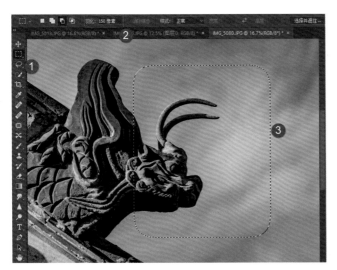

图3-35

**TIPS**

要注意的是，建立选区之后，再在工具选项栏中改变羽化值是没有任何作用的。一旦建立好了选区，要想改变羽化值，需要使用右键菜单。

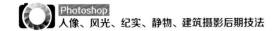

### 3.2.4 四大常用选区工具

一般来说，绝大多数的摄影后期初学者经常使用的选区工具主要有"套索工具""快速选择工具""魔棒工具"和"色彩范围"。

之前介绍的"矩形选框工具"和"椭圆选框工具"，只是让读者了解选区的一些概念及运算方式。在实际的摄影后期中，这种特别规则的几何选择工具使用频率并不高。

### 1. 套索工具

下面介绍套索工具的使用方法。

首先打开如图3-36所示的照片，这里使用套索工具将照片中的花朵选择出来。在工具栏中展开套索工具组，可以看到其中有"套索工具""多边形套索工具"及"磁性套索工具"，如图3-37所示。一般来说，"套索工具"与"多边形套索工具"的使用频率高一些，"磁性套索工具"的使用频率稍微低一些。

图3-36

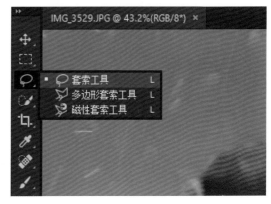

图3-37

然后选择"套索工具"，将鼠标指针移动到照片画面中，沿着花的边缘进行拖动，绘制出一条边缘线，如图3-38所示。

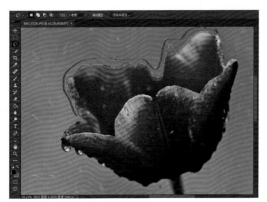

图3-38

因为这种"套索工具"是不规则的，在拖动时完全要依靠手部的稳定性来控制边缘，这样建立的选区一般不精确，效果不够理想，即便是使用手写板等专业的工具，这样直接利用"套索工具"往往也无法建立很精确的选区。拖到花朵右侧时，一旦松开鼠标，套索的起点与终点之间会自动连接生成一个封闭的选区，如图3-39所示。

图3-39

接下来可以在工具栏中选择"多边形套索工具"，设定选区的运算方式为"添加到选区"，将"多边形套索工具"的起点放在如图3-40所示的选区之内，单击创建一个锚点，然后沿着花朵边缘继续向下拖动制作锚点。

图3-40

**TIPS**

　　要注意的是，利用"多边形套索工具"单击创建一个锚点之后松开鼠标，再次单击即可创建第二个锚点。但是两个锚点之间是一段直线，不够平滑，所以两点之间的距离不要太大。

　　利用"多边形套索工具"不断地单击创建锚点来创建选区，如果在选择过程中发现花朵显示在了视图之外，可以按住【Space】键，此时鼠标指针会变为小手形状，按住鼠标左键并拖动，可以改变视图位置，让花朵显示在视图中间，便于观察。然后松开【Space】键，可以发现图片依然处于"多边形套索工具"的选择状态，如图3-41所示。

图3-41

　　继续创建锚点制作选区，在"多边形套索工具"的末端与起始端将近重合时，鼠标指针周围会出现一个小圆点，此时单击就可以将建立的选区闭合，如图3-42所示。

图3-42

通过使用"套索工具"与"多边形套索工具"，将建立的两个选区加起来，就为花朵建立了一个完整的封闭选区，如图3-43所示。

图3-43

因为本书中不涉及非常专业的抠图，所以对"磁性套索工具"不进行详细的描述。

## 2. 快速选择工具

在工具栏中选择"快速选择工具"，如图3-44所示。将鼠标指针放在照片中，按住鼠标左键拖动，此时软件会自动计算出与单击处明暗及色彩相差不大的其他区域，并将这些区域包含进来，建立选区，如图3-45所示。

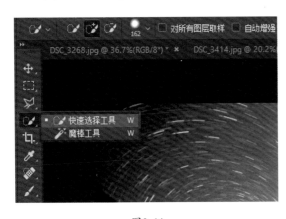

图3-44

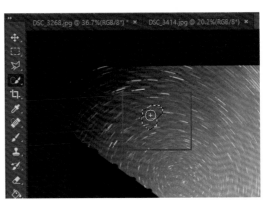

图3-45

按住鼠标左键不断拖动，软件会自动计算周边区域，将周边与鼠标指针所在位置相差不大的区域都包含进来。如果一次拖动没有将目标区域都包含进来，那么可以在选项栏中设定"添加到选区"，然后在其他位置单击，就可以将多个不同的选区组合在一起，将目标位置都选择进来。需要注意的是，这里的"添加到选区"与"从选区减去"图标和之前的图标不一样。"快速选择工具"的这两种模式的图标为■和■，如图3-46所示。

图3-46

### 3. 魔棒工具

使用"快速选择工具"可以快速、高效地选择出一些比较干净的天空、水面等区域，但这个工具的精度往往不高，如图3-47所示，为天空建立选区时，很容易将建筑的一些比较小的区域包含进来。针对这种情况，可以使用同一组中的"魔棒工具"。

图3-47

在工具栏中选择"魔棒工具"，在选项栏中设置一定的"容差"，然后将鼠标指针移动到想要建立选区的位置上单击，就可以为整个区域快速建立选区。此时建立的选区是比较精确的，它会排除掉用户不想要的、一些小的区域，如图3-48所示。"容差"是指与所选择位置的明暗差别。一般来说，"容差"越大，所建立的选区范围也会越大。

图3-48

在"魔棒工具"的选项栏中还有一个非常重要的选项——"连续"。如果在建立选区之前，先选中"连续"复选框，然后在天空中单击创建选区，会发现建立的选区仅仅包含连续的天空区域，如图3-49所示。建筑中间裸露的天空区域由于没有与背景的天空连成一片，因此不会被包含进来，因为之前设置了选区是连续的。

图3-49

如果在建立选区之前取消选中"连续"复选框，那么在背景中单击，此时与所选择区域"容差"在20以内的区域都会被选择进来。可以看到，建筑中间露出的天空区域虽然没有与背景天空连在一起，但也被选了进来。使用这种非连续的选择方式可能会产生一定的失误，例如，将非天空的区域也选择进来，只因为这些区域与天空的敏感差别比较小、比较相似，因此在使用非连续功能时，要设置合理的"容差"，如图3-50所示。

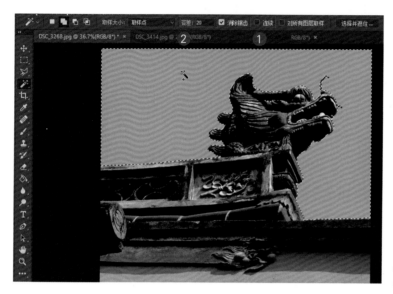

图3-50

有关"快速选择工具"与"魔棒工具"，此处不过多介绍，因为在后续的操作中还会使用。

## 4. 色彩范围

下面介绍另一种非常重要的选区工具——"色彩范围"。

在Photoshop中打开图3-51所示的照片。

图3-51

单击"选择"菜单项，选择"色彩范围"命令，打开"色彩范围"对话框，如图3-52所示。

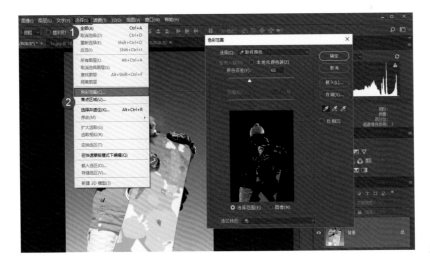

图3-52

将鼠标指针移动到照片画面上单击，这样与所选位置明暗及色彩反差都比较小的区域就会被选择出来。选择出来的区域在"色彩范围"对话框中以白色显示，如图3-53所示。

图3-53

在不同的位置单击，就能选择与单击位置的明暗及色差在一定范围内的区域，如果要扩大选区，只要提高"颜色容差"的值即可。"颜色容差"与之前介绍的"容差"参数相似，都是定义范围的参数。确定好选择范围后，单击"确定"按钮，如图3-54所示，这样画面中就建立了选区。如果发现建立的选区不够精确，可以按【Ctrl+D】组合键取消选区，然后重新打开"色彩范围"对话框，在该对话框中重新取色并建立选区。重新建立选区时，要改变"颜色容差"参数，以改变选区位置。

图3-54

要注意的是，设定不同的"颜色容差"，可以改变"色彩范围"对话框中白色范围的大小。而白色的区域也是有深有浅的，纯白的位置是严格的选区，有一些灰色的区域则属于过渡区域。这些区域虽然没有包含在选区之内，但其实也被选择了进来，只是其调整幅度并不是百分之百，有可能是半透明状的，如图3-55所示。

图3-55

如果要对不同色彩、不同明暗的区域建立选区，那么在建立一个选区之后，可以在"色彩范围"对话框中单击"添加到取样"按钮，表示添加到选区，在其他位置进行单击取色，这样就可以将其他的颜色也包含进来。例如，选择蓝色的天空区域后，再在白色帽子区域单击，就可以将白色区域也包含进来。从"色彩范围"对话框中可以看到，人物的裤子、帽子及天空区域等都变为白色，表示这些位置都被纳入了选区，如图3-56所示。

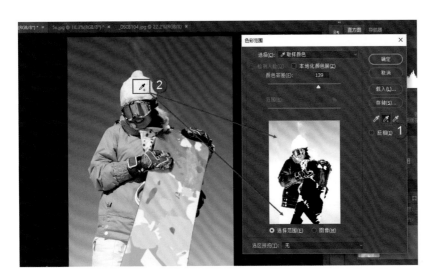

图3-56

因为建立的选区范围有些大，这时可以调低"颜色容差"值，让选区更加精确一些，然后单击"确定"按钮，如图3-57所示。

图3-57

此时在照片中可以看到，原有的白色区域都被建立了选区，如图3-58所示。

图3-58

### 3.2.5　利用通道建立选区

下面介绍如何利用通道建立选区。

首先打开图3-59所示的照片。

图3-59

在界面右下角切换到"通道"面板，如图3-60所示。分别选择不同的色彩通道，可以看到照片显示的白色区域是不同的。例如，选择"红"通道，那么人物区域以高亮的白色显示，表示此时建立选区，这些白色区域都会被选择出来。

图3-60

选择"绿"通道，白色区域就会发生一些变化，如图3-61所示。

图3-61

选择"蓝"通道，选区会再次发生变化，如图3-62所示。

图3-62

要注意的是，原有照片中的白色总会包含在每一个色彩通道中，利用通道建立选区，就是利用不同色彩通道显示的深浅来定义选择的区域。有关利用通道建立选区的技巧将会在后续的抠图实战中进行详细介绍，这里只需要了解它是利用不同的色彩明暗状态分布来控制选区的即可。

## 3.2.6 选区的其他重要命令

### 1. 反选选区

如图3-63所示，建立选区之后，选区会被蚂蚁线包围起来。这个案例中想要保留的是建筑部分，想要调整的也是这一部分，之前介绍过，对于不想要的部分可以删除。但事实上还有另一种选择，对建立的天空选区进行反选，这样就可以选中建筑部分。

图3-63

在工具栏中单击"选择"菜单项，选择"反选"命令，如图3-64
所示。

这样可以将对天空建立的选区进行反向选择，确保只选择
想要的建筑部分。如果要进行明暗及色彩的调整，就可以直接
进行操作了，操作的对象就是选区内的建筑部分，如图3-65
所示。

图3-64

图3-65

## 2. 保存与载入选区

建立选区之后，如果还没有完成后续的操作，但又不得不暂时退出正在操作的程序，此时可以将建立的选区保存下来。建立选区后，在"图层"面板底部单击"创建图层蒙版"按钮，这个图标即为选区创建一个蒙版，如图3-66所示。白色部分即选区内的部分，然后单击"文件"菜单项，选择"存储为"命令，这时打开"另存为"对话框，将保存的类型设定为TIFF格式，然后单击"保存"按钮即可，如图3-67所示。

图3-66

图3-67

保存为TIFF格式的照片会将所有图层信息完整地保存下来，下次打开照片后，就可以在"图层"面板中看到图层蒙版也被保存了下来。如果要再次载入选区，只要右击"蒙版"图标，在弹出的快捷菜单中选择"添加蒙版到选区"，就可以再次恢复，如图3-68所示。

当然，也可以按住【Ctrl】键单击选区蒙版，这样也可以载入选区，如图3-69所示。

图3-68

图3-69

保存选区的工作可以通过图层蒙版来实现，也可以通过通道来实现。建立选区之后，切换到"通道"面板，然后在底部单击"创建通道蒙版"按钮，生成一个名为"Alpha1"的通道蒙版，如图3-70所示。Alpha1通道可以用于存储建立的选区，它的使用方法与图层蒙版是一样的。

图3-70

# 3.3 理解蒙版

### 3.3.1 蒙版简介

有些定义将蒙版解释为"蒙在照片上的板子"，其实这种说法并不十分准确。通俗地说，可以将蒙版视为一块虚拟的橡皮擦，使用Photoshop中的橡皮擦工具可以将照片的像素擦掉，露出下方图层上的内容，使用蒙版也可以达到同样的效果。但是，真实的橡皮擦工具擦掉的像素会彻底丢失，而使用蒙版结合渐变或画笔工具等擦掉的像素只是被隐藏了起来，并没有丢失。擦掉之后，部分像素被隐藏，同样会露出下方图层的内容。下面来介绍蒙版的用法。

首先，打开图3-71所示的照片。

图3-71

在"图层"面板中可以看到图层信息，这时单击"图层"面板底部的"创建图层蒙版"按钮，为图层添加一个蒙版，如图3-72所示。初次添加的蒙版为白色的空白缩览图，这里将蒙版变为白色、灰色和黑色3个区域同时存在的样式，如图3-73所示。

图3-72

图3-73

此时观察如图3-74所示的照片就会看到，白色的区域就像一层透明的玻璃覆盖在原始照片上；黑色的区域相当于用橡皮擦彻底将像素擦除，露出下方空白的背景；而灰色的区域处于半透明状态。这与使用橡皮擦直接擦除这些区域所实现的效果是一样的（半透明区域需要降低橡皮擦不透明度），但通过蒙版色深浅的变化同样实现了这样的效果，并且从图层缩览图中可以看到，原始照片缩览图并没有发生变化。而将蒙版删掉，依然可以看到完整的照片，这也是蒙版的强大之处，它就像一块虚拟的橡皮擦。

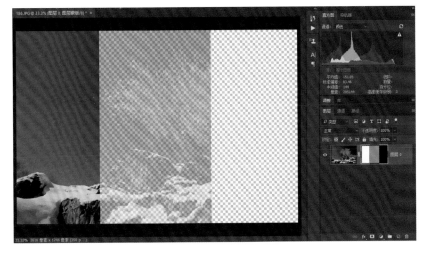

图3-74

如果用蒙版制作一个从纯黑到纯白的渐变，此时蒙版缩览图如图3-75所示。可以看到，照片变为从完全透明到完全不透明的平滑过渡状态。从蒙版缩览图中看，黑色完全遮挡了当前的照片像素，白色完全不会影响照片像素，而灰色则会让照片处于半透明状态。

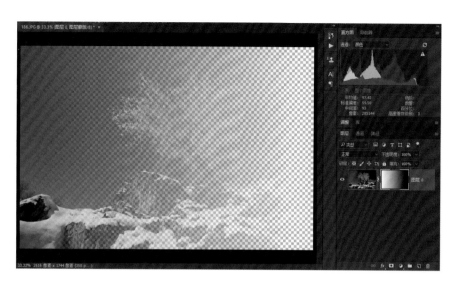

图3-75

### 3.3.2 蒙版与选区的关系

有一种说法是蒙版也是选区。其实经过前面的学习，可以想象到，如果利用选区在蒙版内填充黑色，那么选区内的部分就会变为透明状态，相当于将选区内的照片像素擦拭掉了。当然这只是虚拟的擦拭。下面通过具体的案例来验证蒙版与选区的关系。

首先，打开图3-76所示的照片。

图3-76

其次，在工具栏中选择"钢笔工具"，将模式设置为"路径"。对于这种弧度比较理想的对象，使用"钢笔工具"能够建立非常精确的路径，如图3-77所示。

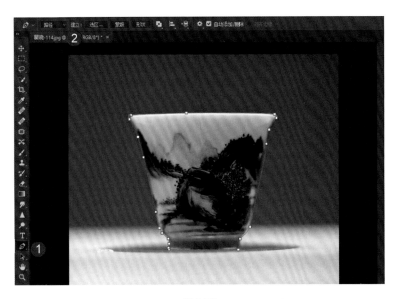

图3-77

　　在建立好的路径内右击，弹出快捷菜单，选择"建立选区"选项，如图3-78所示。打开
"建立选区"对话框，在其中设置"羽化半径"为1像素，然后单击"确定"按钮，如图3-79
所示。

图3-78

图3-79

　　此时建立的路径就会变为一个精确的选区，如图3-80所示。

图3-80

在"图层"面板底部单击"创建图层蒙版"按钮，为图层创建一个蒙版。此时主体区域对应的蒙版缩览图上呈现白色，表示完全不透明；而主体外的区域变为纯黑，相当于变为透明状态，即将主体外的背景区域彻底擦拭掉了，如图3-81所示。但是，蒙版中白色区域的主体区域其实也是建立选区的部分，即此时的蒙版只是对选区建立的蒙版，选区与蒙版是对应的关系。

图3-81

那么，怎样将选区与蒙版进行来回切换呢？其实非常简单，只要右击蒙版缩览图，在弹出的快捷菜单中选择"添加蒙版到选区"选项（如图3-82所示），就可以将蒙版转换为选区。

另一种方法是按住【Ctrl】键，同时单击蒙版缩览图，鼠标指针下方出现虚线框标记，这也表示可以将蒙版载入选区，如图3-83所示。

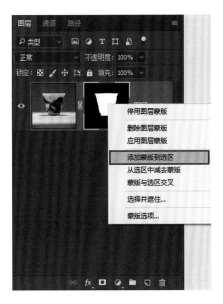

图3-82 图3-83

图3-84展示了由蒙版载入选区后的画面效果，在Photoshop主界面中就可以看到。

图3-84

接下来，在"历史记录"面板中返回到刚才建立选区的步骤，然后在选区内右击，弹出快捷菜单，选择"羽化"选项；在弹出的"羽化选区"对话框中将"羽化半径"设置为100像素，然后单击"确定"按钮，如图3-85所示。此时可以看到选区明显被羽化了，边缘的一些折角区域变得更加平滑，如图3-86所示。

图3-85 图3-86

这时在"图层"面板底部单击"创建图层蒙版"按钮，为图层创建一个蒙版，此时的蒙版缩览图及照片画面中的效果如图3-87所示。之所以会出现这种情况，是因为对当前选区进行了羽化，此时的选区边缘是一个柔性的边缘，从选区外到选区内的过渡变得比较平滑，不再是生硬的选区边缘。

图3-87

同样，可以再次右击蒙版缩览图，在弹出的快捷菜单中选择"添加蒙版到选区"选项；或按住【Ctrl】键，同时单击蒙版缩览图，再次载入选区。可以看到，此时的选区与羽化后的选区完全一样，如图3-88所示。

图3-88

从以上操作可以看出，蒙版就是一个虚拟的橡皮擦，或者说蒙版就是选区，它与选区有非常强烈的对应关系，这样就可以考虑利用蒙版进行抠图操作。

### 3.3.3 蒙版在摄影后期的典型应用

下面通过一个案例来介绍蒙版摄影在后期的典型应用。

首先，打开图3-89所示的原始照片，可以看到天空的亮度比较高。但如果此时降低天空的亮度，那么地面的亮度也会变低，无法一次性让画面各个部分都获得比较理想的明暗影调层次。这就需要通过图层及后续的蒙版功能来实现。

接下来，按【Ctrl+J】组合键创建一个新的图层，如图3-90所示。

图3-89

图3-90

　　选中新创建的图层，打开"曲线"对话框，在该对话框中调低整个画面的亮度曲线，如图3-91所示。调整完毕之后，单击"确定"按钮完成操作。此时照片画面中上方的图层亮度整体变暗，天空的亮度变得合理了，但是地面又太暗了。这时在"图层"面板底部单击"创建图层蒙版"按钮，为上方图层创建一个蒙版，如图3-92所示。

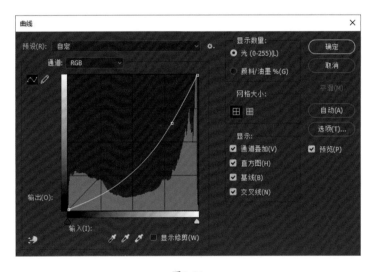

图3-91

图3-92

　　在工具栏中选择"渐变工具"，设定前景色为黑色，背景色为白色，然后设定从黑到透明的"线性渐变"，将不透明度设置为"100%"，最后在天际线附近由下向上拖动制作渐变，将原本较亮的地景部分还原出来。

此时的照片画面和"图层"面板中的图层分布如图3-93所示。可以看到，通过蒙版实现了一种照片的合成，保留了较亮的地景和压暗之后的天空，让两部分合二为一。主要借助的是渐变工具，利用蒙版"白色是透明，黑色是遮挡"进行的一种合成。

图3-93

此时可以看到，合成之后的照片画面各个部分亮度都比较理想，如图3-94所示。

图3-94

其实还有一种更为简单直观的操作方法，下面来具体介绍。

首先，将照片恢复到未调整的原始状态，然后在"图层"面板底部单击"创建新的填充或调整图层"按钮，在弹出的菜单中选择"曲线"命令，这样就可以创建一个曲线调整图层，如图3-95所示；在"图层"面板中可以看到蒙版图层，如图3-96所示。

图3-95

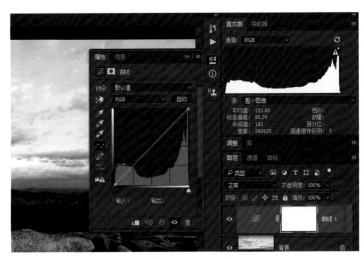

图3-96

其次，在打开的曲线面板中降低全画面的亮度，如图3-97所示。

图3-97

选中曲线蒙版，如图3-98所示。接下来选择"渐变工具"，按照之前的操作进行设定。然后，在天际线附近拖动制作渐变，这样可以直接实现各部分均匀曝光的需求，如图3-99所示。

图3-98                                    图3-99

　　如果对调整的效果不是很满意，可以双击"图层"面板中的曲线图标，打开曲线调整面板，再次进行调整，如图3-100所示。

图3-100

# 3.4 理解通道

## 3.4.1　无处不在的通道

　　通道的概念虽然看起来抽象，但却并不难理解。如图3-101所示，一束自然光线经过玻璃材质的三棱镜之后，因为玻璃针对不同光谱，其折射率不同，会将自然光线中不同的色彩光谱分离开来，最终投射到墙壁上时，产生红、橙、黄、绿、青、蓝、紫（也可以称为洋红）7种不同的色彩。而将这7种色彩继续进行分解，会出现一个比较有意思的现象，即除红、绿、蓝之外，其他色彩又可以被再次分解，分解出来的最终光线也是红、绿、蓝。也就是说，自然界中的光线只有红、绿、蓝三种终极的颜色，其他的所有色彩，包括白色，都是由红、绿、蓝3

种颜色按照不同的比例混合而产生的。图3-102所示为将红、绿、蓝三种颜色进行色彩混合叠加之后产生的色彩图谱。

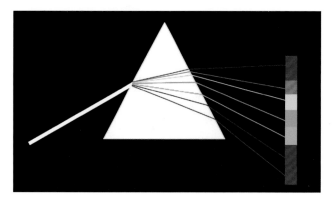
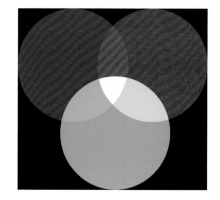

图3-101 图3-102

在后期软件中，一种色彩可以被存储在一个单独的通道中，类似于图层样。后期软件不必将所有的色彩都建立一个对应的通道，只需要将红、绿、蓝分别建立通道就可以，因为其他的橙色、黄色、青色、洋红等色彩都可以通过这3个最基本的色彩通道混合出来。在Photoshop中打开三原色的叠加图，然后切换到"通道"面板，可以看到确实只有红、绿、蓝3个单色的通道，如图3-103所示。

在通道中，用纯白的颜色表示该通道这种颜色的含量高低。例如，我们看的是"红"通道，那么红色就会以纯白来表示，其他的色彩及背景的颜色都是黑色的。绿色和蓝色也是如此，这是一种比较理想的色彩分布。

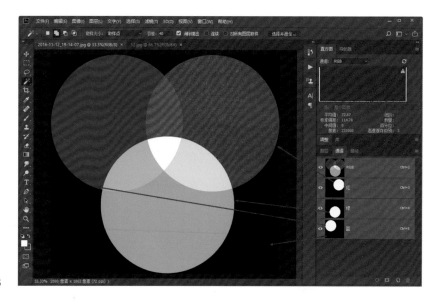

图3-103

但在实际应用中，色彩的分布往往没有这么单纯。例如，在图3-104所示的色彩分布状态图中，每一种色彩只有很少一部分是纯色的，其他都是混合色，并且色彩的饱和度各有不同。切换到"通道"面板，可以看到红色的部分仍然是高亮状态，而红色向两边辐射的部分，随着红色比例的降低也开始变暗；绿色和蓝色也是如此。唯一不变的是色轮的背景是白色的，它在通道中始终显示为白色。

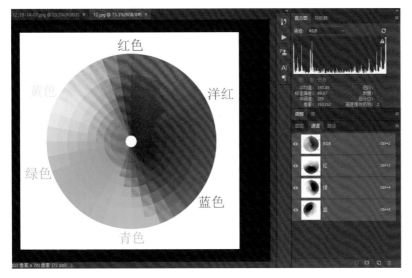

图3-104

不同色彩在通道中呈现出的黑白状态非常容易让人们联想到，在蒙版中，用黑、白、灰来表示选区，白色表示选中的区域，黑色表示排除或者擦除的区域。借助这个特性可以推出，其实通道也可以用于选择对象或建立选区。下面来看一个案例。

打开图3-105所示的夜景照片，切换到"通道"面板，可以看到3个单色的通道。

图3-105

隐藏"RGB""绿"和"蓝"通道，只显示"红"通道。从主界面中就可以看出，因为天空是蓝色的，其中几乎没有任何红色像素，所以蓝色的天空部分就呈现黑色。随着向街道观察，灯光照亮的部分有一定红色比例，所以颜色变亮，表示红色的成分开始变多，换句话说，通道以颜色的深浅来表示该种颜色的含量高低。从直方图中也可以看到，选择"红"通道之后，直方图上的波形偏左，表示红色比较暗淡，如图3-106所示。

图3-106

切换到"蓝"通道，因为蓝色天空的面积很大，所以从"蓝"通道中可以看到，整个天空的亮度比较高，从直方图中也可以看到蓝色像素比较多，如图3-107所示。这里其实展示了两个知识点：一是通道在展示颜色时用灰度的明暗表示某种颜色信息的多少；二是在直方图中选择不同的色彩通道就会展示不同的直方图。

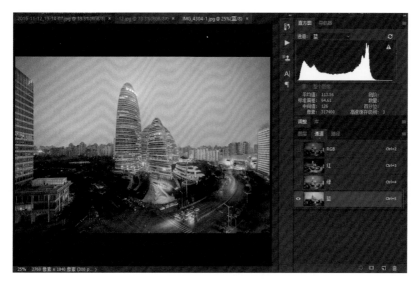

图3-107

在一些调色功能中，如打开"色阶"对话框，在中间位置也可以看到"通道"这一功能设定，展开下拉列表，可以看到"RGB"及"红""绿""蓝"三原色这4个通道，如图3-108所示。

打开"曲线"对话框也可以看到这些通道，如图3-109所示。

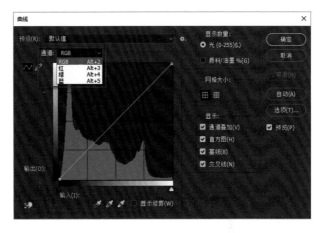

图3-108                                        图3-109

再打开"色相/饱和度"对话框，如图3-110所示。这里面的色彩通道更多，这样就可以对色彩进行更准确的调整。从以上内容可以看出，通道的应用比较广泛，它既可以结合像素明暗的显示来进行选区的建立或是抠图等操作，也可以在不同的调色功能中选择不同的色彩通道，并对这个色彩通道进行更改，来实现照片的调色。

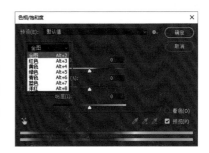

图3-110

### 3.4.2  通道的用途

下面来验证通道的一些具体用途。

依然是打开的夜景照片，在菜单栏中选择"图像"→"调整"→"曲线"选项，打开"曲线"对话框（如图3-111所示），设置"通道"为"绿"，切换到绿色的通道曲线，在曲线上单击创建一个锚点，向下拖动绿色曲线。

此时观察照片可以看到，路面等部分变得偏洋红色，或者说是偏紫色。之所以出现这种情况，是由混色原理决定的，因为绿色与洋红色混合起来会产生白色或是无色，即标准光线下的照片画面。减少了绿色的比例，就相当于增加了洋红色的比例，画面自然会变得偏洋红色，如图3-112所示。

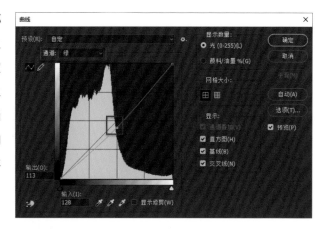

图3-111

图3-112

这个简单的例子告诉我们，借助不同的通道，可以进行快速而精准的色彩调整。有关混色原理的知识点，可以参考《Photoshop影调、调色、抠图、合成、创意5项核心修炼》或《从拍照到摄影——零基础学摄影+后期一本通》。

通道的另一个功能是抠图。将这张照片切换到"通道"面板，选择"红"通道，并隐藏其他通道，这样主界面中显示的就是红色通道的内容。亮的部分表示红色的比例比较高，暗的部分表示红色的比例比较低。这时在"通道"面板底部单击"将通道作为选区载入"按钮，这样就为照片中的红色区域建立了选区，可以进行后续的抠图等操作，如图3-113所示。

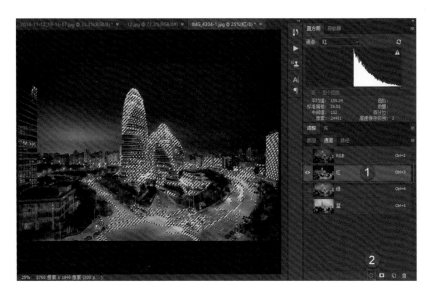

图3-113

### 3.4.3 通道的类型

在了解通道的概念及用途之后，下面来看通道的类型。

再次打开图3-114所示的夜景照片，使用"快速选择工具"为天空建立一个选区，然后切换到"通道"面板，在"通道"面板底部单击"将选区存储为通道"按钮，这时"通道"面板中会生成一个新的通道，名为"Alpha 1"，如图3-114所示。

图3-114

接下来，在照片主界面中针对选区，按【Ctrl+Shift+I】组合键反选选区，然后切换到"通道"面板中，再次单击"将选区存储为通道"按钮，会生成一个名为"Alpha 2"的通道。此时在"通道"面板中可以看到三类通道，如图3-115所示：第一类是"RGB"通道，是彩色状态的，通常这类通道被称为复合通道；而"红""绿""蓝"这3个通道往往被称为颜色通道，用于展示不同色彩的状态分布；第三类是"Alpha"通道，Alpha通道可以有很多个，如果建立多个选区，那么软件会自动为这些选区进行命名，从"Alpha 1"开始依次进行编号，它的作用主要是存储选区，对照片的像素等不会产生任何干扰。

如果是针对印刷、出版等行业，对于油墨的设定可能要在CMYK等色彩模式下进行操作，那时还会生成一个专色通道，但对于专色通道的应用并不属于摄影后期的范畴，所以这里不过多介绍。对于一般的用户来说，知道RGB复合通道、颜色通道及Alpha选区通道就足够了，后续的应用也是针对这三类通道进行的。

图3-115

### 3.4.4　实战：颜色通道的抠图应用

下面通过一张照片来介绍通道抠图的具体应用。

首先在Photoshop中打开图3-116所示的照片。

图3-116

切换到"通道"面板，分别选中"红"通道、"绿"通道和"蓝"通道。通过观察可以发现，只有"绿"通道中人物的头发与背景的反差最高，如图3-117所示。可以利用这种反差来进行抠图。

图3-117

右击"绿"通道，在弹出的快捷菜单中选择"复制通道"命令，如图3-118所示。也可以选中"绿"通道并向下拖到"新建通道"按钮上，这样也可以复制出一个"绿"通道，如图3-119所示。复制的"绿"通道的名称为"绿 拷贝"，选中"绿 拷贝"通道（确保其他通道前的小眼睛图标都被取消了），如图3-120所示。

图3-118          图3-119          图3-120

打开"色阶"对话框，改变"黑""灰""白"3个滑块的位置，对画面效果进行强化，确保让头发部分与背景部分有最大的反差。调整之后单击"确定"按钮，如图3-121所示。

在本案例中，需要让背景部分变为纯白，让头发变为纯黑；而在另一些案例中，可能需要让人物的头发部分变为纯白，背景部分变为纯黑。

图3-121

如果感觉人物头发部分不够黑或者背景不够白，就需要进行进一步的调整。在工具栏中选择"画笔工具"，将画笔的硬度、不透明度、流量均设置为"100％"，设定前景色为黑色，在人物头发的中间部分进行涂抹，将人物的头发部分彻底涂黑，如图3-122所示。

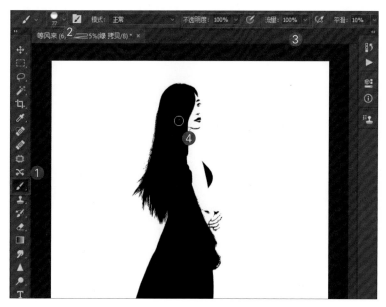

图3-122

设定白色画笔，将背景的一些区域彻底涂白，如图3-123所示。

图3-123

在"通道"面板底部单击"将通道作为选区载入"按钮，如图3-124所示。可以看到照片中的白色部分建立了选区，之前已经介绍过，白色代表选择的部分。

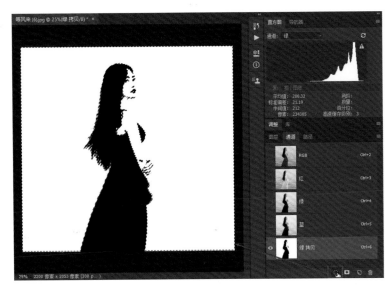

图3-124

选择"RGB"复合通道，让照片恢复彩色状态，如图3-125所示。再切换到"图层"面板。在"选择"菜单中选择"反选"命令，如图3-126所示，这样就为人物部分建立了选区。

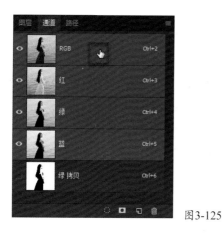
图3-125

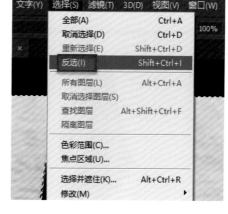
图3-126

　　因为通道中的白色是背景部分，所以并不是为人物建立的选区，而是通过反选才为人物部分建立的选区。可以看到人物的发丝部分已经被准确地选择了出来。

　　在通道中调整时，我们没有考虑人物的面部。因为面部可以后续进行单独调整。此时在工具栏中选择"快速选择工具"，然后设定"添加到选区"这种运算方式，在人物皮肤上进行拖动，就可以将面部等漏掉的区域添加进来，如图3-127所示。这样就为整个人物建立了一个比较理想的选区。

图3-127

　　切换到"通道"面板，删除"绿 拷贝"图层，如图3-128所示。然后单击"将选区存储为通道"按钮，可以生成一个名为"Alpha 1"的选区通道，如图3-129所示，这样就将选区存储了下来。

图3-128                                        图3-129

回到"图层"面板之后，还可以按【Ctrl+J】组合键将人物部分单独提取出来，存储为一个单独的图层，然后隐藏背景图层，就可以看到抠取的人物图层了，如图3-130所示。

图3-130

这个案例介绍了通道在人像抠图中的一些应用。我们应该考虑一个问题，即在通道中找到反差较大的"绿"通道之后，为什么要复制一个"绿"通道，然后对复制的"绿"通道进行操作，而不是在原有的"绿"通道上直接进行色阶的调整，强化反差呢？

答案其实很简单，因为如果直接对"绿"通道进行色阶的调整，会改变原图的明暗色彩及属性，这显然是不合理的。只有对一个复制的图层进行操作，才能既建立选区，又不会对原图的属性色彩等产生较大影响。

第 **4** 章

# 摄影后期的六大应用

摄影后期对照片的调整主要包括以下几项。

- 二次构图
- 影调调整
- 调色
- 照片合成
- 画质优化
- 制作特效

本章结合具体案例介绍这六大应用的一些基本思路及实际操作技巧，最后将通过一个综合的案例来验证学习效果。

# 4.1 二次构图

二次构图主要是指通过软件中的裁剪工具，对照片进行裁剪，重新确定取景范围。二次构图是非常重要的摄影后期应用，但往往被一些初学者所忽视。

### 4.1.1 裁剪工具的全方位解析

打开如图4-1所示的原始照片，可以看到左下角背光的山体部分阴影面积太大，对画面整体的表现力形成很大的干扰。在实际拍摄中，由于拍摄机位不理想或者拍摄时过于匆忙，很容易产生这种问题。

如果已经将主体拍得比较完整和全面了，那么这种问题在后期就可以通过二次构图来解决。经过裁剪，适当地减小了前景中阴影的比例，并进行了轻微的提亮操作，削弱了这部分的干扰力，最终，让照片中的雪峰及云层部分变得更加突出和醒目，画面的表现力增强了很多，如图4-2所示。下面来看具体操作方法。

图4-1

图4-2

首先在Photoshop中打开这张原始照片，然后在工具栏中选择"裁剪工具"，在上方的选项栏中展开"比例"下拉列表，选择"2:3（4:6）"选项，也可以选择"原始比例"。单反相机拍摄的照片长宽比一般是3:2或者2:3。

还可以在比例后的文本框中输入想要设定的比例，如图4-3所示。

图4-3

本例中已经设定了2:3的比例。将鼠标指针放到照片画面中拖动，就出现了长宽比为2:3的一个裁剪框，如图4-4所示。因为这张照片是横幅的，所以要单击"高度和宽度互换"按钮，改变长宽比，即将2:3改为3:2，如图4-5所示。

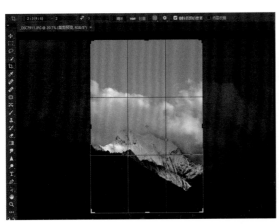

图4-4

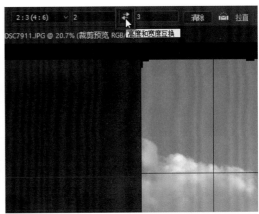

图4-5

此时可以看到照片的裁剪框变为了3:2的形式。由于裁剪框比较小，因此要将鼠标指针移动到裁剪框的边线上，待鼠标指针变为双向箭头时，按住鼠标左键拖动可以改变视图范围的大小，如图4-6所示。将鼠标指针移动到保留区域内，选中并拖动可以改变保留区域的位置，如图4-7所示。

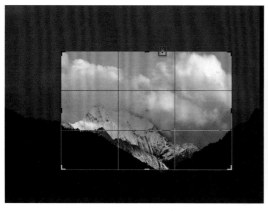

图4-6                                                      图4-7

在选项栏的右侧展开"裁剪叠加方式"下拉列表，其中有三等分、网格、对角、三角形及黄金比例等多种裁剪参考线，此处选中的是"三角形"的裁剪线，如图4-8所示。

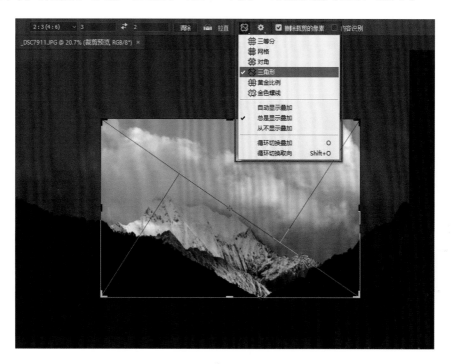

图4-8

在确定保留的画面范围之后，在保留区内双击，或者在选项栏右侧的"提交当前裁剪操作"按钮上单击，就可以完成对照片的裁剪，完成二次构图，如图4-9所示。

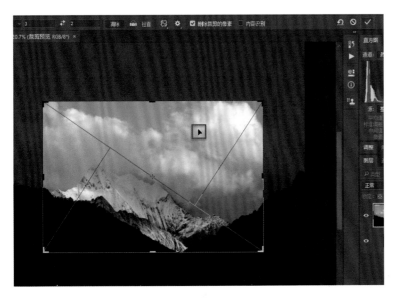

图4-9

完成二次构图之后的画面如图4-10所示，很明显山峰和云层变得更加突出和醒目，画面的构图也变得合理了很多。

图4-10

**TIPS**

要注意的是，在"裁剪叠加方式"下拉列表中有多种裁剪叠加方式，包括三等分、金色螺线等。这是摄影前期拍摄时的一些具体构图方式，要使用这种方式就需要对摄影的构图有一定了解。

### 4.1.2　拉直与自由裁剪

　　下面再来看另一个二次构图的案例。

　　首先打开图4-11所示的原始照片，此时的画面中远景显得不够干净，有些杂乱。调整后的照片如图4-12所示，对影调及色调进行过后期处理，并适当裁剪进行二次构图之后，虽然背景仍然不是特别干净，但已经能够很好地与主体形成呼应，并且不会过度干扰主题的表现力了。

图4-11

图4-12

在Photoshop中打开这张处理后的原始照片。因为之前设定过裁剪比例，所以在选择裁剪工具之后，需要单击"清除"按钮，清除之前设定的裁剪比例，如图4-13所示。

图4-13

观察后可以发现，照片稍微有些倾斜，这时可以在选项栏中选择"拉直工具"，然后沿着背景中一些明显的水平线拖动，绘制一条直线，如图4-14所示。拖动一段距离之后，松开鼠标，这样照片的水平就得到了校准。在保留区域内双击即可完成水平的校正。

图4-14

完成水平校正后，因为照片发生了旋转，所以有一些边缘部分会包含进背景空白的区域，而有一些内部区域会被裁掉。这时可在完成裁剪之前选中"内容识别"复选框，裁剪区域就会向外扩展，如图4-15所示。

双击鼠标，软件会自动填充空白部分，确保不会损失太多的边缘像素。完成水平校准后，在照片画面中拖动裁剪框确定保留区域，如图4-16所示。最后，在保留区内双击完成裁剪，这样就完成了二次构图。

图4-15 图4-16

关于二次构图还会涉及比较复杂的知识，虽然这是比较简单的操作，但如果要实现非常满意的二次构图，需要对摄影的构图有较深的功底。

## 4.2 修饰影调与色彩（注意工具的使用）

### 4.2.1 影调与色彩的优化

数码照片后期处理的两种核心应用，分别是影调与色彩的调整。

从图4-17所示的原始照片中可以看到，画面的光线比较白，影调及色彩都比较平淡，这样画面的表现力就会有所欠缺。经过对画面的影调及色彩进行优化，可以看到光影更加鲜明，影调层次更加丰富，色彩变得暖了一些，画面表现力更强，如图4-18所示。对影调与色彩进行优化的具体操作步骤如下。

图4-17

图4-18

**步骤 1** 在Photoshop中打开要处理的原始照片，然后选择"裁剪工具"，适当裁掉画面周边一些过于空旷的部分，让画面的构图显得更加紧凑，保留区域如图4-19所示。确定构图范围之后，在保留区内双击完成照片的裁剪。

图4-19

**步骤 2** 在"图层"面板底部单击"创建新的填充或调整图层"按钮，在弹出的菜单中选择"曲线"命令，如图4-20所示。

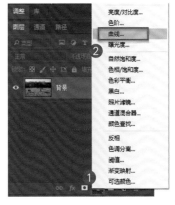
图4-20

**步骤③** 此时展开了曲线调整面板，"图层"面板中出现了曲线调整图层，如图4-21所示。

图4-21

**步骤④** 从曲线面板中间的直方图中可以看到，暗部和亮部都缺乏一定的像素。因此分别选中左下角和右上角的锚点向内拖动，如图4-22所示。这样可以确保照片的色阶处于0～255的全色阶范围内。调整时要随时关注Photoshop主界面右上角的明度直方图，根据明度直方图来判断对于白色和黑色的定义是否合理。经过调整之后可以看到，直方图波形左侧正好触及左侧边线，但没有升起，右侧同样如此，这样对于照片的黑色与白色定义就完成了。

图4-22

分别在曲线左下与右上部分单击创建一个锚点，向上拖动提高亮部的锚点，向下拖动降低暗部的锚点，这样形成一个大致的S形曲线，但幅度不要太大，如图4-23所示。此时可以看到照片的对比度变高，并且色彩感变强了。

图4-23

正常来说，日出或日落时分，太阳的光线是有一些偏暖的，会偏红、橙、黄等颜色。

首先在曲线面板中切换到"红"通道，如图4-24所示。如果所打开的曲线调整面板被关闭了，可以双击"图层"面板中的曲线图标，再次展开这个面板。

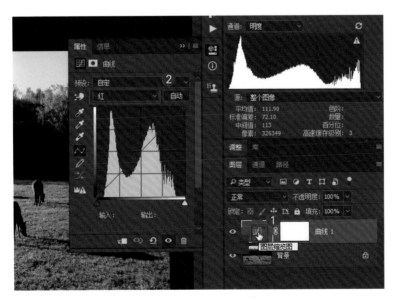

图4-24

　　光源的周边区域处于高亮状态，所以针对"红"通道的调整是增加亮部的红色。在红色曲线右上方创建一个锚点并向上拖动，增加亮部的红色。对于暗部，创建一个锚点之后，适当地向下拖动，避免暗部也变得过红，曲线的波形及画面效果如图4-25所示。

图4-25

　　日出或日落时，场景中不只有红色，还有黄色和橙色等。所以切换到"蓝"通道（因为在曲线中没有黄色通道）来降低蓝色，就相当于增加黄色。这些调整也应该只针对光源部分，即只针对光源的高亮部分。在亮部创建一个锚点，向下拖动蓝色曲线，表示增加亮度的黄色。

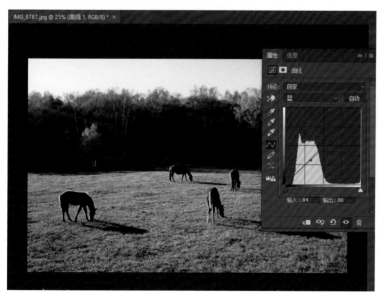

　　对于暗部，不能让它也变得偏黄。所以在暗部创建一个锚点之后，要向上拖动恢复一些，此时的曲线形状及画面效果如图4-26所示。

图4-26

日出或日落时，场景中还有一定的洋红成分。所以切换到"绿"通道，稍微向下拖动绿色曲线，为画面渲染上一定的洋红色，如图4-27所示。

图4-27

对照片的影调及色彩初步调整之后，如果发现画面的色彩感仍然不够浓郁，可以再创建一个"自然饱和度"调整面板，如图4-28所示。

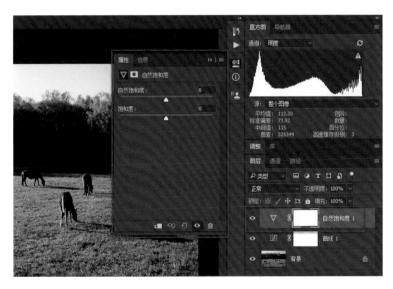

图4-28

在打开的面板中适当提高自然饱和度，这样照片中一些色彩不够浓郁的景物色彩感就变强了。调整之后单击右上角的向右双箭头按钮，将面板收起来，如图4-29所示。

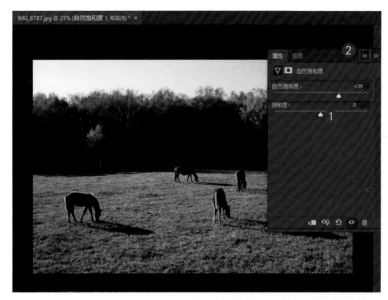

图4-29

经过调整之后，可以看到此时的直方图与"图层"面板中的图层分布状态如图4-30所示。

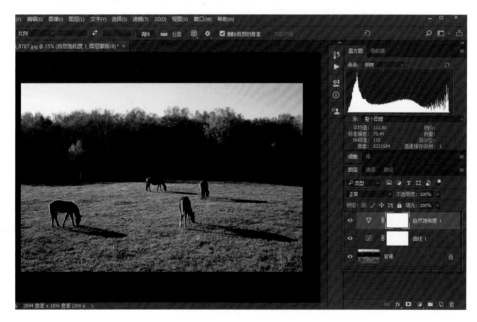

图4-30

之前的调整过程对照片的白色及暗部进行了重新定义。调整之后，观察整个画面可以发现，左上角的高光部分亮度比较高，已经无法很好地分辨出色彩和层次。这时可以选中曲线蒙版，然后选择"渐变工具"，将前景色设为黑色，背景色设为白色，设定从黑到透明的渐变，渐变方式为"线性渐变"，不透明度为"100%"，然后在左上角过亮的部分从左上方向右下方拖动制作一个渐变，如图4-31所示。

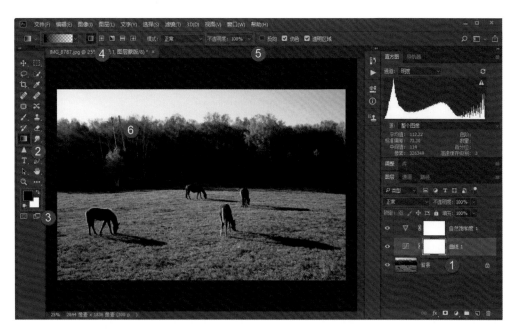

图4-31

制作渐变之后，就将原始照片中亮度正常的天空部分还原了出来，最终的画面效果如图
4-32所示。

图4-32

经过还原之后，可以看到曲线蒙版的形态发生了一定的变化。调整完成之后，右击背景图
的空白处，在弹出的快捷菜单中选择"拼合图像"命令，将图层拼合起来，然后再将照片保存
就可以了，如图4-33所示。

图4-33

上述调整介绍了照片影调与色彩的优化。一般来说，对于照片影调与色彩的优化还有一个先后的次序：要先调影调，再调色彩。因为对于色彩的调整，可能也会让影调产生较大的变化。先调影调再调色彩，更容易获得理想的效果。

## 4.2.2　工具栏的设定

在上述案例中使用过渐变工具，许多初学者在使用Photoshop时，可能发现工具栏中的工具排列与本书中所介绍的不太一样。

初学者所打开的工具栏可能如图4-34所示，与之前演示的几乎完全不同。这时可以对工具栏进行配置，将一些功能类似的工具折叠起来，这样更便于观察和操作。具体操作时，在工具栏底部单击"自定形状工具"按钮，如图4-35所示。

图4-34

图4-35

在展开的菜单中选择"编辑工具栏"命令，如图4-36所示。这样会打开"自定义工具栏"对话框，如图4-37所示。在打开的对话框中可以将一些同类型的工具拖到一起。例如，图中将"修复画笔工具"选中后向上拖动，拖到了"污点修复画笔工具"组中，包括"修补工具"组也可以折叠在一起。

图4-36

图4-37

旧版本的Photoshop往往将"油漆桶工具"与"渐变工具"放在一起。也可以选中"油漆桶工具"向左拖动，与"渐变工具"合为一组，完成设定之后，单击"完成"按钮，如图4-38所示。

此时在工具栏中可以看到，因为折叠了一些工具，所以工具栏所展示的列表短了很多，这样更便于观察。在对照片进行修补时，可以打开"污点修复画笔工具"组，找到之前折叠的一些工具。如果要使用"油漆桶工具"，只需展开"渐变工具"列表并选择"油漆桶工具"即可，如图4-39所示。

图4-38

图4-39

# 4.3 照片合成

　　下面来介绍摄影后期的第4个重要功能——照片合成。事实上，真正的照片合成可能与读者理解的有一定差别。在对照片进行局部调整之后，对蒙版进行渐变和涂抹调整，让调整之后的部分与调整之前的部分组合在一起，这也是一种合成。

　　初学者所理解的照片合成可能是下面要介绍的传统照片合成。

　　首先打开图4-40和图4-41所示的两张原始照片。可以看到，前一幅图片的地景和树木的色彩及形态都非常理想，但是天空只是一片蓝色，表现力不足。下一张照片天空的云层比较有表现力，但是地景又不够理想，这时就可以考虑将这两张照片进行合成。用后一幅图的天空替换前一幅图的天空，让精彩的天空与精彩的地面组合起来，形成一幅各种元素都比较完美的画面。最终合成之后的画面效果如图4-42所示，可以看到地景色彩及形态都非常漂亮，天空的云层也很富有表现力。

图4-40

图4-41

图4-42

在Photoshop中打开两张素材照片，此时激活的是地景的素材照片，如图4-43所示。

图4-43

打开"选择"菜单，选择"色彩范围"命令，这样就打开了"色彩范围"对话框，如图4-44所示。

图4-44

在"色彩范围"对话框中将鼠标指针移动到蓝色的天空部分单击，可以看到与天空颜色相近的一些区域都呈现高亮状态，高亮状态表示选中，这样就将大片的天空选择了出来，如图4-45所示。

但是仔细观察之后可以发现，天空上方有一些泛灰，这种泛灰就表示没有将天空完整地选择出来。此时可以适当地提高"颜色容差"值，扩大颜色范围，将更多的蓝色天空部分包含进来，之后可以看到整个天空部分基本上都变为了白色，这种白色表示将要选中，最后单击"确定"按钮，如图4-46所示。

图4-45

图4-46

此时会返回到照片的工作区，可以看到已经为天空部分建立了一个选区，因为色彩范围界面中天空是高亮的，如图4-47所示。

图4-47

因为要保留的是地景部分，所以按【Ctrl+Shift+I】组合键进行反选。也可以执行"选择"→"反选"命令，如图4-48所示。这样就为地景部分建立了一个精确的选区，如图4-49所示。

图4-48　　　　　　　　　　　　　　图4-49

　　按【Ctrl+J】组合键将选区内的部分单独提取出来并存为
一个单独的图层，此时的图层分布如图4-50所示。

图4-50

　　在工具栏中选择"移动工具"，选中天空图层素材，将其拖到地景素材中。此时的图层分
布及画面效果如图4-51所示。

图4-51

选中天空素材图层向下拖动，放到地景图层下方，如图4-52所示。

图4-52

在"图层"面板中选中天空素材图层，然后在"编辑"菜单中选择"自由变换"命令，调整天空素材的大小，让其覆盖住整个背景，并拖动调整天空素材的位置，让天空与地景的画面组合变得更加真实自然，如图4-53所示。调整完成之后，按【Enter】键完成调整。

图4-53

至此，照片的合成初步完成。最后拼合图层，将所有的图层合成起来，如图4-54所示。

执行"滤镜"→"Camera Raw滤镜"命令，如图4-55所示。

图4-54                                图4-55

将照片载入"Camera Raw滤镜"中，然后对照片整体的"曝光""对比度"及"高光"等进行全方位的调整，调整之后的画面效果如图4-56所示。最后单击右下角的"确定"按钮，返回Photoshop界面，将照片保存即可。

图4-56

## 4.4 画质优化

下面来看摄影后期的第5种应用——画质优化。

### 4.4.1 高反差保留强化清晰度

下面通过一个具体的案例来进行介绍，首先打开如图4-57所示的照片。

图4-57

选择放大与缩小工具，放大照片到100%，可以看到细节还是比较理想的，但是放大之后会发现有些细节部分的锐度并不是特别高，即画质不够锐利，如图4-58所示。

图4-58

这时按【Ctrl+J】组合键复制一个图层。选中新复制的图层，执行"图像"→"调整"→"去色"命令，如图4-59所示。

图4-59

对上方的图层去色之后，执行"滤镜"→"其他"→"高反差保留"命令，如图4-60所示。

图4-60

打开"高反差保留"对话框，将"半径"设置为5像素，如图4-61所示。经过设置之后，照片中一些建筑的边缘线条就变得很明显了。将这种线条提取出来以后进行强化，就相当于强化照片的清晰度，具体的操作在后续介绍中会逐渐展开。

图4-61

# TIPS

　　不同的案例，半径值的设定是不一样的，本例中暂时将半径值设定为"5"。这种操作的目的是要将照片中一些明显的线条部分提取出来。这里要注意一点，半径值越大，提取的线条（也就是高反差）会越明显。但是如果半径值设定得过大，线条的边缘会出现一些明显的暗边或亮边，这是不合理的，如图4-61所示。

　　如果感觉线条边缘的暗边已经干扰到了处理效果，可以适当地缩小半径值，缩小到"1.5"之后可以看到暗边明显减轻，这时可以单击"确定"按钮，如图4-62所示。

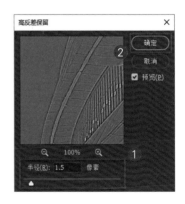

图4-62

　　此时的照片画面中是灰度显示的效果，在这个灰度图上显示出了一些明显的线条，即提取出来的边缘线条，如图4-63所示。

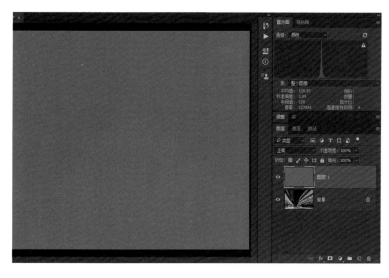

图4-63

这时只要将图层混合模式改为"叠加"，就可以将这些明显的线条叠加到背景图层上，如图4-64所示。

此时可以隐藏新复制的高反差图层，观察原图，如图4-65所示。

图4-64

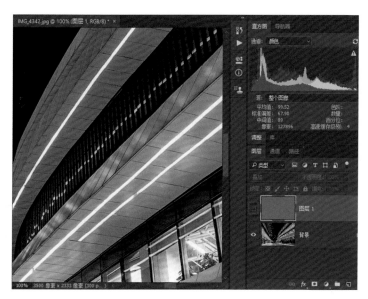

图4-65

显示高反差保留图层，观察调整后的画面效果。可以看到进行高反差保留、提取线条并叠加之后，画面的清晰度得到了很大提高，照片中景物的边缘非常清晰、明显，画面的细节更加丰富了，如图4-66所示。

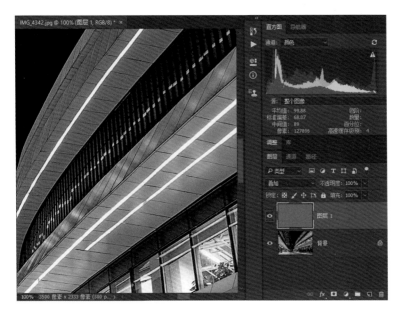

图4-66

## 4.4.2 智能锐化丰富细节信息

以上调整只是对画面的整体清晰度和细节进行了强化。事实上，还可以对照片的画质进行进一步的优化。

首先将背景及高反差保留的图层拼合起来，然后执行"滤镜"→"锐化"→"智能锐化"命令，如图4-67所示。

图4-67

打开"智能锐化"对话框，如图4-68所示。

图4-68

在"智能锐化"对话框中提高锐化的"数量"值及"半径"值，这样可以强化像素之间的反差，让画面整体显得更加锐利，如图4-69所示。因为之前的调整主要是强化照片中景物与景物之间的反差，提高画面的清晰度。而提高锐度则强化了像素与像素之间的差别，让画面显得更加清晰锐利。

提高锐度值主要是通过提高"数量"值来实现的，而"半径"是指像素的距离值。如果将"半径"设定为"5"，那么系统会锐化某个像素周边的5个像素，它们之间的对比都会被加强。从这个角度来说，"半径"越大，锐化效果越明显；"半径"越小，锐化效果越不明显，因为它的范围变小了。

图4-69

至于"减少杂色"的值，因为在强化像素之间的差别时，会让一些照片暗部的噪点变得更加鲜明和清晰。这时通过提高"减少杂色"的值，就可以抑制噪点的产生。

"减少杂色"可以用于抑制噪点的产生。此外，在底部还有"阴影"与"高光"这两组参数，其中"渐隐量"表示锐化程度的整体增强与减轻。"渐隐量"越高，对画面的锐化整体影响越小；"渐隐量"越低，越不会降低锐化的强度。

"色调宽度"指的是像素之间的色彩差别大小；"半径"指的是像素之间的物理距离。只有色彩差别相对较大（超过一定色调宽度）的像素才会被锐化，如果两种色彩差别非常小，那么就有可能不会被锐化；如果两个像素色彩完全一样，就肯定不会被锐化。

设定完毕后，单击"确定"按钮，返回Photoshop主界面即可，如图4-70所示。

图4-70

相比"智能锐化"功能，还可以在Camera Raw中进行更为直观的画质调整。首先展开"历史记录"面板，单击回到"拼合图像"，也就是没有进行锐化的这一步骤，如图4-71所示。

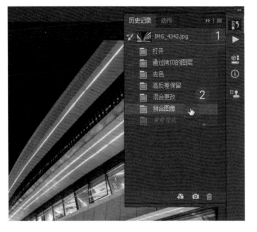

图4-71

再次进入Camera Raw滤镜，切换到"细节"面板，提高锐化的"数量""半径"和"细节"值。

"数量"值就是锐化的强度；"半径"值对应的其实也是锐化的强度，"半径"越大，锐化的范围越大，锐化程度也会越高；"细节"也是如此，它与"数量"相差不大，如果提高"细节"的值，画面的锐度也会变高。

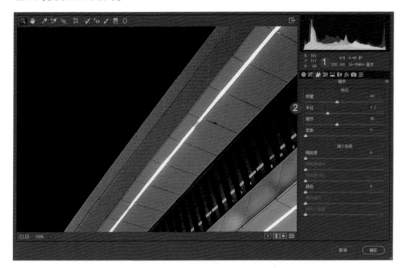

提高"数量""半径"与"细节"值之后可以看到，像素之间的差别被强化，画质明显变得更锐利了，如图4-72所示。

图4-72

接下来看另一个参数——"蒙版"。"蒙版"的作用在于限定锐化的区域，往往只用于限定一些线条边缘的锐度。例如，提高"蒙版"值之后，就限定了对于大片的平面区域不进行锐化，只锐化边缘线条部分。

按住【Alt】键拖动"蒙版"滑块，可以看到锐化的区域如图4-73所示。此时画面中显示锐化的区域是白色部分，对应的照片中就是边缘线条部分，至于大片较暗的天空及瓷砖平面区域是不进行锐化的。

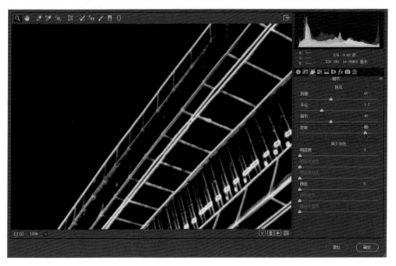

"蒙版"功能对人物进行锐化时非常有效，它可以确保只对人物的眼睛、嘴及睫毛的部分进行锐化，而对于光滑的腮部不进行锐化，确保这部分有更高的平滑度。

图4-73

经过锐化之后，可以看到边缘的线条锐度非常高，而一些大片的平面区域还是非常光滑的，如图4-74所示。

图4-74

在"细节"面板的底部"减少杂色"这组参数中，主要关注两个参数，一个是"明亮度"，另一个是"颜色"。提高"明亮度"的值，可以消除照片中的噪点，整体进行降噪处理，但是这种降噪功能被限定为只消除照片中"单色"的噪点，如图4-75所示。

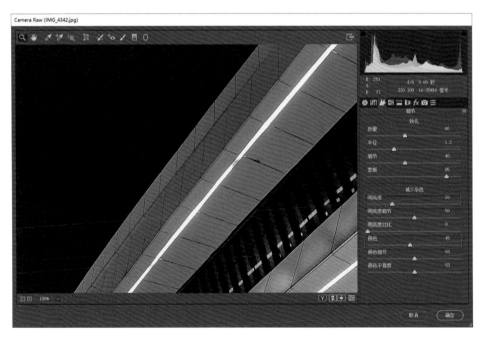

图4-75

对于彩色噪点就需要提高"颜色"的值来进行降噪。将一些红色、绿色的彩色噪点降为单色，融入背景中，最终实现对画面的降噪效果，如图4-76所示。

图4-76

## 4.5 制作特效

下面介绍摄影后期第6个重要功能——制作特效。

并不是所有照片都需要制作特效，但有时候针对特定类型的照片使用一些特效，可以让画面变得更加与众不同，表现力更强。图4-77为原始照片，即便经过了一定的调整，画面仍然显得比较杂乱。

图4-77

经过特效制作之后，可以看到画面中的天空和云层变得更加干净、更有视觉冲击力，画面整体的表现力也更好了。这是当前比较流行的一种后期制作技巧，利用模糊工具对天空的云层进行模糊处理，让画面产生一种极简的效果，如图4-78所示。下面来看具体操作方法。

图4-78

打开原始照片之后，在工具栏中选择"套索工具"，将照片中间的几个风电装置选择出来，如图4-79所示。

图4-79

选择出其中一个之后，在选区内右击，在弹出的快捷菜单中选择"填充"命令，弹出"填充"对话框，将填充的"内容"设置为"内容识别"，然后单击"确定"按钮，如图4-80所示。

图4-80

这样就可以将选择出来的风电装置消除。用同样的方法将另外几个风电装置也消除，此时画面变得干净了很多，如图4-81所示。

图4-81

继续利用"套索工具"将包含云层的天空部分选择出来，大致的选区如图4-82所示。

然后按【Ctrl+J】组合键将天空部分提取出来，保存为一个单独的图层，如图4-83所示。接下来选中提取出来的这个图层，打开"滤镜"菜单，选择"模糊"→"径向模糊"命令，打开"径向模糊"对话框。

图4-82

图4-83

在"径向模糊"对话框中要进行的设定主要包括以下几项。

首先将"模糊方法"改为"缩放";然后改变模糊的起始位置,在"中心模糊"的示意图中,选中中心位置并向下拖动(因为云层已经提取出来,是从下边缘向上模糊的)将模糊的中心拖到底部;然后提高模糊的"数量"值,这个"数量"值要根据不同的照片来进行调整,这里设定为"30",最后单击"确定"按钮,如图4-84所示。

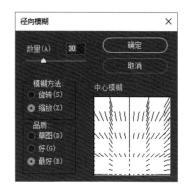

图4-84

经过模糊之后可以看到,此时天空的云层呈现出了一种更加模糊的状态,如图4-85所示。

图4-85

　　模糊调整之后，天空云层图层的下边缘有一些模糊区域会遮挡原有图层的地面部分。这个时候可以为天空的模糊云层部分创建一个"蒙版"，然后利用"画笔工具"轻轻地进行涂抹，将遮挡地景部分的一些位置擦拭出来。之后双击这个蒙版图标，在弹出的蒙版属性面板中适当提高"羽化"值，让边缘更自然一些，如图4-86所示。

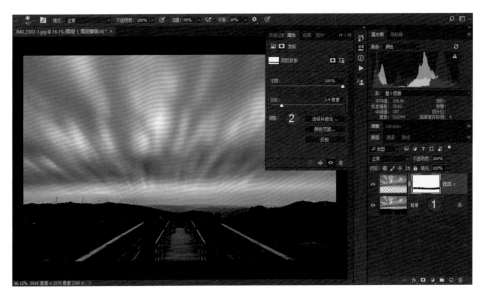

图4-86

　　拼合所有图层，进入Camera Raw滤镜，在其中选择"画笔工具"，设定画笔的参数，然后在天空中较重、较暗的蓝色部分进行涂抹，将这部分适当提亮一些，将色彩变暖一些，如图4-87所示。可以看到参数设定都是向变暖、变亮的方向发展的。

经过这种调整，天空中蓝色较重、较暗的云层就变得轻盈起来，与其他部分更加协调，画面整体显得更加干净，最后单击"确定"按钮，返回后将照片保存即可。

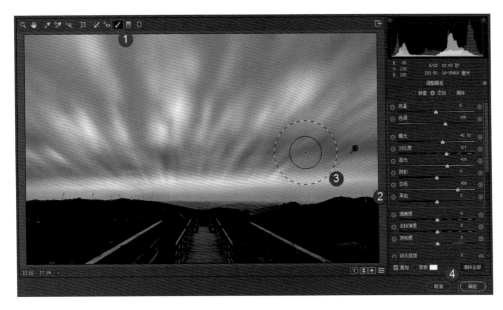

图4-87

通过对一张照片进行特效制作展示了让照片变得与众不同的一种后期技巧。在摄影后期，掌握一定的特效制作技巧有时候可以改变照片的画面风格，营造出不一样的视觉感受。

## 4.6 终极应用：后期是一项综合工程

在本章的最后，通过一个综合案例来回顾和复习前面所介绍的各种知识。

首先打开图4-88所示的原始照片，可以看到画面的意境是不错的，但是从形式上来看，还存在一些明显的问题，如画面的色调比较普通、前景比较亮，干扰了人物的表现力。

通过对画面的色调进行调整，远景变得相对平静了一些，给人一种比较悠远的感觉；而压暗前景提亮人物，让人物部分变得更加突出，另外，还对画面的构图范围进行了精确的调整，使画面的构图更加精确，如图4-89所示。

图4-88                                    图4-89

首先在Photoshop中打开要处理的原始照片，如图4-90所示。

图4-90

按【Ctrl+C】组合键全选照片，可以看到照片被建立了选区，打开"编辑"菜单，选择"变换"→"变形"命令，如图4-91所示。

图4-91

出现可调整的变形线之后，对地平线进行一定的"扭曲"变形，让地平线变得平整起来。因为人物坐的地平线是有一定弧度的，画面看起来不够整洁，给人不舒服的感觉。经过调整之后，地平线变得平整了，如图4-92所示。

图4-92

**TIPS**

要注意的是，因为对照片进行了局部的扭曲，所以有可能造成天空及其他位置边缘部分的像素损失。要将这些位置调整回去，如图4-93所示。

图4-93

调整完毕之后按【Enter】键完成变形操作，然后按【Ctrl+D】组合键取消选区即可。

在工具栏中选择"裁剪工具"，裁掉画面周边一些过于空旷的区域，让画面显得更加紧凑。保留区域如图4-94所示。

图4-94

因为人物部分的亮度比较低，所以可以先利用"快速选择工具"将人物选择出来，如图4-95所示。

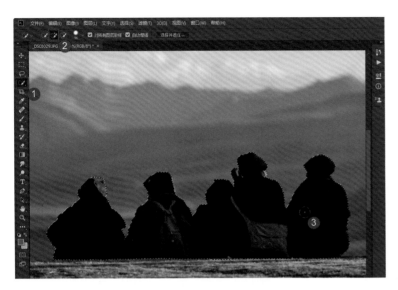

图4-95

创建曲线调整图层，此时的调整针对选区内的人物，然后提亮人物部分，曲线形状及画面效果如图4-96所示，可以看到人物部分变亮了。

图4-96

调整之后会发现选区消失了，没有关系，只要按住【Ctrl】键并选中选区蒙版，就可以将选区再次载入，如图4-97所示。

图4-97

　　载入人物选区之后，按【Shift+Ctrl+I】组合键对人物进行反选，将人物之外的环境部分选择出来，如图4-98所示。因为环境部分的整体色彩太过平淡，所以要对其进行调整。

图4-98

再次创建一个曲线调整图层，此时的调整针对的是整个环境部分，曲线形状及画面效果如图4-99所示。此外，还对环境部分的影调进行了适当的优化，调整后的远景部分变得冷清了一些，给人一种遥远的距离感。

图4-99

此时照片中仍然存在的问题就是前景太亮，对主体的表现力有很强的干扰，这时可以对其进行压暗处理：再次创建一个曲线调整图层，选中最亮部的锚点向下拖动，可以看到输入值由"255"变为了"108"，即将原照片中最亮的像素压暗为"108"，如图4-100所示。

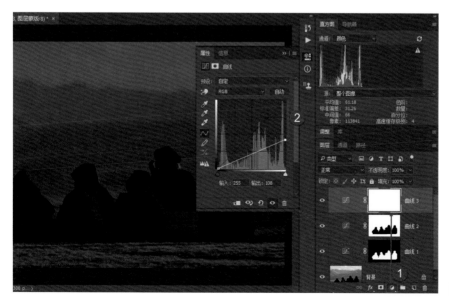

图4-100

选中这个曲线蒙版，在工具栏中选择"渐变工具"，将前景色设置为黑色，背景色设置为白色，并设定从黑到透明的线性渐变，设置不透明度为"100%"。在人物部分向下拖动制作一个渐变，将人物及以上的部分还原出来，确保只有前景依旧保持比较暗的状态，如图4-101所示。

图4-101

这时照片的色彩、影调等都得到了很好的优化，画面效果已经比较理想了。但是在输出照片之前，还应该对照片的清晰度及画质等进行一定的优化。

按【Ctrl+Shift+Alt+E】组合键制作一个盖印图层（盖印图层是指将之前的所有图层虚拟出一个最终的图层样式），如图4-102所示。

图4-102

然后按【Ctrl+J】组合键复制出一个"图层1拷贝"图层，再对新复制的图层进行去色及高反差保留调整，提取出照片中一些明显的线条（"半径"设定为"1.5"即可），然后单击"确定"按钮返回，如图4-103所示。

将图层混合模式设定为"叠加"，这样就完成了对照片线条的提取及强化，如图4-104所示。

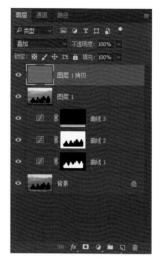

图4-103　　　　　　　　　　　　　　　　　　图4-104

然后再次按【Ctrl+Shift+Alt+E】组合键制作一个盖印图层，打开"滤镜"菜单，选择"锐化"→"USM锐化"命令，如图4-105所示。

图4-105

在打开的"USM锐化"对话框中提高锐化的数量值，半径值不要设置得太大，因为涉及一些人物的调整，将阈值设定为"1"即可，然后单击"确定"按钮返回。这样就对照片的像素差别进行了强化，即对照片进行了锐化处理，如图4-106所示。

最后为了便于读者学习，这里将"图层"面板中所有的图层进行了重新命名，这些名称对每一个图层的功能进行了大体的阐述，只要能够明白这些图层所代表的含义，就能够掌握这个案例的精髓，对摄影后期处理也会有一定的理解。从图4-107所示的"图层"面板中可以看到"背景"图层为原始照片画面。其他图层的名称及作用分别为："提亮人物""人物之外的区域调明暗和色彩""压暗前景""盖印图层1""高反差保留–提取边缘线条""全图锐化"。

图4-106

图4-107

拼合图层后将照片保存即可。

保存照片时，在打开的"另存为"对话框中可以看到"ICC配置文件（C）：Adobe RGB（1998）"，如图4-108所示，这表示照片被配置为Adobe RGB的色彩空间。但是这些照片只是为了在网络上分享，保存为Adobe RGB的色彩空间之后，有可能会导致色彩失真。

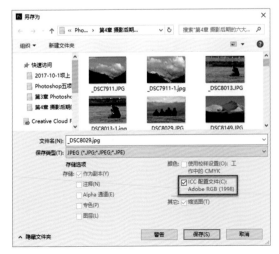

图4-108

　　所以在拼合图层之后先不要保存，打开"编辑"菜单，选择"转换为配置文件"命令，打开"转换为配置文件"对话框，将"目标空间"下的"配置文件"设定为"sRGB IEC61966-2.1"，即sRGB色彩空间，最后单击"确定"按钮完成操作，如图4-109所示。

图4-109

　　此时保存的照片为sRGB色彩空间，这样无论是在计算机上浏览还是在网络上分享，它的色彩都会比较准确。

　　这个案例包含的知识点非常多，几乎涉及摄影后期处理中绝大多数的功能，希望读者能够仔细研究这个案例。掌握了该案例之后，相信读者们的后期水平会有一个质的飞跃。

# 人像后期

　　人像摄影后期与其他题材有很大差别，尤其是对人物肤色、肤质的调整要求比较高。本章主要对人物肤色、肤质的调整进行详细的介绍。

## 5.1 面部精修

人像摄影中最核心的部分是人物面部肤色、肤质的调整，下面介绍人物肤质的调整及局部修饰。

### 5.1.1 修复皮肤上的瑕疵污点

基本上每个人的面部都不是绝对完美的，总会有一些暗斑或黑头等瑕疵，而数码单反相机具备很高的像素和很强的解像力，能够将皮肤表面细小的瑕疵无限放大，通常看来无伤大雅或是很光滑的面部，在数码照片中都会有非常显眼的瑕疵，但在Photoshop中经过后期处理，就可以将这些瑕疵处理干净，打造完美的面容。

从图5-1所示的原始照片中可以看到，虽然经过了一定的色彩与影调调整，但是人物皮肤表面仍有一些瑕疵需要处理。经过调整之后可以看到，人物面部的一些黑头和瑕疵已经被覆盖了，而且皮肤也变得光滑了很多，如图5-2所示。

图5-1

图5-2

下面来看具体的处理过程。

**步骤①** 在Photoshop中打开要处理的原始照片，如图5-3所示。

**步骤②** 放大照片并将视图定位到人物的面部，在工具栏中选择"污点修复画笔工具"，如图5-4所示。

图5-3

图5-4

**步骤 3** 在图5-5中的选项栏上单击"画笔直径"按钮,打开画笔设定面板,也可以直接在画面
中右击,在弹出的画笔直径设定面板中将画笔的硬度设置为57%;然后设定画笔直径
的大小,以能够覆盖黑头区域及适当的正常肤质区域为准。设置完成后,直接在想要
覆盖的黑头上单击,就可以将这些黑头覆盖,使人物的皮肤变得光滑很多。

图5-5

步骤④ 用同样的方法修复绝大部分的污点和黑头之后，会发现有一些部位（如痦子等）处于皮肤的纹理上，如果直接使用"污点修复画笔工具"进行修饰，可能会破坏人物原有的皮肤纹理，这时就需要在工具栏中使用其他工具进行尝试。选择"仿制图章工具"来修复位于纹理上的两个瑕疵，如图5-6所示。

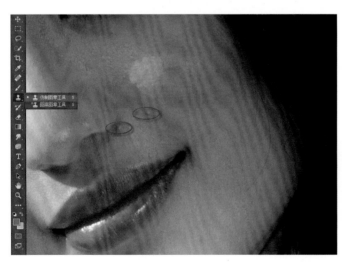

图5-6

步骤⑤ 在画面中右击，会弹出画笔直径设定面板，依然要确保画笔直径比要修饰的瑕疵部位稍大一些，并包括一定的正常肤质区域，如图5-7所示。

步骤⑥ 将鼠标指针移动到与瑕疵部分纹理相似的正常皮肤上，按住【Alt】键单击取样，用取样位置的纹理来填充瑕疵部分的纹理。可以看到，取样的位置同样位于皮肤的纹理上，但其肤质是平滑正常的，如图5-8所示。

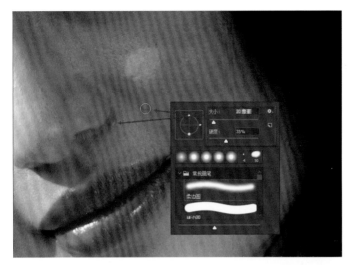

图5-7

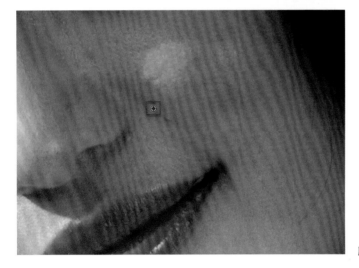

图5-8

**步骤7** 取样之后将鼠标指针移动到瑕疵上单击，这时软件会自动用取样位置的正常皮肤来填
充瑕疵部分的皮肤，这样就可以将瑕疵很好地修复了，如图5-9所示。

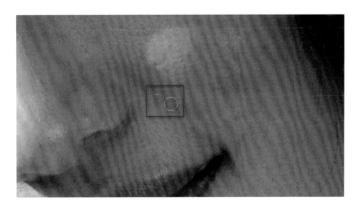

图5-9

**步骤 8** 用同样的方法在鼻子下方的瑕疵周围按住【Alt】键取样，如图5-10所示。

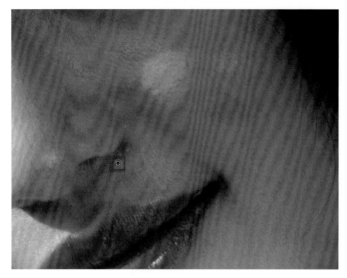

图5-10

**步骤 9** 将鼠标指针移动到鼻子下方的瑕疵上单击，这样就可以利用正常的肤质来填充瑕疵部分的皮肤，将明暗交界线上的瑕疵修复。可以看到修复效果是比较理想的，如图5-11所示。

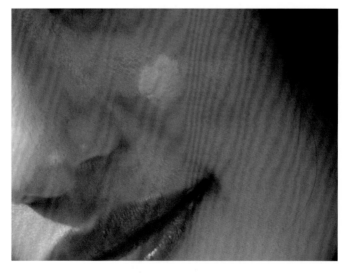

图5-11

通过使用"污点修复画笔工具"和"仿制图章工具"等，可以将人物面部的一些黑头及瑕疵部位进行很好的修饰，从而得到非常光滑的肤质。

### 5.1.2　消除眼袋

　　由于光线或自身原因，人物眼睛下方的眼袋有可能比较重，会破坏画面效果。下面介绍利用"修补工具"来修复人物眼袋的方法，图5-12所示为打开的原始照片。

　　经过修补之后可以看到，人物的眼袋得到了一定的修复，如图5-13所示。这里要注意的是，要控制好修复的程度，如果修复程度过高，有可能会导致人物面部表情不自然。

图5-12

图5-13

具体操作步骤如下。

**步骤①** 在Photoshop中打开图5-14所示的照片，可以看到人物眼袋明显过重，放大照片会更加明显。

图5-14

**步骤②** 放大照片并定位到人物眼部，在工具栏中选择"修补工具"，如图5-15所示。

图5-15

**步骤③** 在画面中拖动鼠标将一只眼睛下面的眼袋选中，选中的区域如图5-16所示。

**步骤④** 在该区域内按住鼠标左键向眼袋周边有光滑肌肤的区域拖动，寻找可以进行参照的"源"，拖动的距离不宜过大，如图5-17所示。

图5-16

图5-17

**步骤 5** 用同样的方法将另一只眼睛下的眼袋也选中，如图5-18所示。

图5-18

**步骤6** 无论操作多么精准，总会存在一些破坏原始皮肤、修复效果不够自然的情况，如图5-19所示。

图5-19

**步骤7** 这时按住【Ctrl+D】组合键取消选区，再按住【Ctrl+A】组合键全选画面，如图5-20所示。

图5-20

**步骤8** 打开"历史记录"面板，返回照片初次打开时的状态，只需选择"打开"选项即可，如图5-21所示。

图5-21

步骤 **9** 按【Ctrl+V】组合键，将处理后的照片粘贴到原始照片上，这样"背景"图层为原始照片，上方的图层即处理后的照片效果。将上方修复后的图层"不透明度"适当降低，这样眼袋的处理效果也会弱化。此时可以发现，在背景的混合下，修复效果变得更加自然，如图5-22所示。利用这种方法可以修复人物比较严重的眼袋。

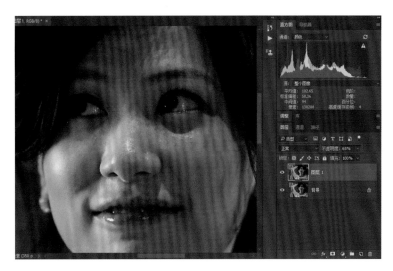

图5-22

### 5.1.3 提亮眼白与牙齿

同样是由于光线或人物自身的原因，有时人物的眼白或牙齿可能不够白，导致画面不够美观。打开图5-23所示的原始照片，可以看到人物的眼白及牙齿部位有一些比较暗的痕迹。

处理之后可以看到，人物不仅眼白及牙齿变亮了，而且也变得精神了很多，这就使画面变得更加漂亮了，如图5-24所示。

图5-23

图5-24

具体操作步骤如下。

**步骤 1** 在Photoshop中打开要处理的原始照片，如图5-25所示。

图5-25

**步骤 2** 在工具栏中选择"海绵工具"进行去色，它可以吸掉人物眼白及牙齿等部位偏黄的色彩，对人物的眼白和牙齿进行褪色处理，如图5-26所示。

图5-26

**步骤 3** 在进行具体的处理之前，先在画面上右击，在弹出的画笔直径设定面板中将画笔的"硬度"降为0，然后适当缩小画笔直径的大小，避免画笔将牙齿周围的嘴唇等区域也进行去色处理，如图5-27所示。

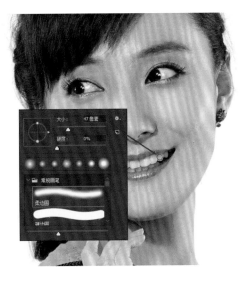

图5-27

步骤 4 在选项栏中将"海绵工具"的"模式"设定为"去
色",适当降低"流量",如图5-28所示。

图5-28

步骤 5 然后用"海绵工具"在人物的牙齿部位轻轻涂抹,将牙齿部位的黄色去掉,如图5-29
所示。

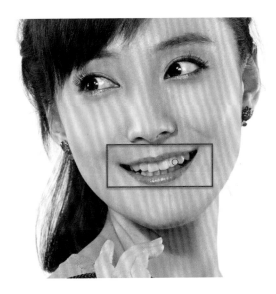

图5-29

步骤 **6** 此时可以发现，虽然人物牙齿的色彩感变弱了，但是仍然比较暗淡。这时在工具栏中
选择"减淡工具"，如图5-30所示；然后在选项栏中将"范围"设定为"高光"，即
只对牙齿上的高亮部分进行调整，"曝光度"设定为"16%"，即进行轻度的提亮；
这里同样要设定画笔直径的大小，设定方法与"海绵工具"的设定方法基本相同，如
图5-31所示。

图5-30　　　　　　　　　　　　　　　　　　　图5-31

步骤 **7** 接下来用"减淡工具"在人物牙齿上涂抹，将比较暗的牙齿提亮，这样人物的牙齿部
位就变得非常洁白了，效果如图5-32所示。

图5-32

**步骤 8** 用同样的方法对人物的眼白部位进行去色处理。选择"海绵工具",设定"模式"为
"去色","流量"为"90%",缩小画笔直径的大小,在人物的眼白部位进行涂
抹,去掉偏黄的眼白部分,如图5-33所示。

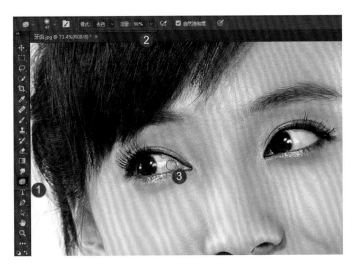

图5-33

**步骤 9** 再次选择"减淡工具",设定"范围"为"高光","曝光度"可以适当降低,避免
人物的眼白太亮。然后设定合适的画笔直径大小,在人物的眼白部位进行涂抹,提亮
人物眼白,效果如图5-34所示。通过"海绵工具"与"减淡工具",就将人物的眼白
及牙齿不够白的问题解决了。

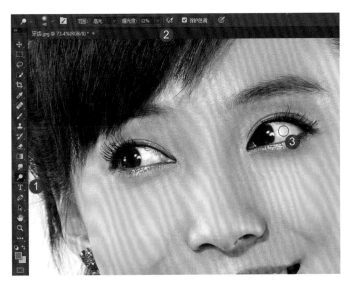

图5-34

## 5.2 美白肤色

下面再来看人物肤色美白的技巧。通常情况下，为了控制高光部分不过曝，拍摄时曝光值不会设置得太高。这就导致拍摄的照片中人物的肤色可能不够白皙，会带一些色彩，让人感觉很暗淡，如图5-35所示。

经过调整之后，可以看到皮肤的饱和度变低、影调变亮，人物的肤色就比较白皙了，如图5-36所示。

图5-35

图5-36

具体操作步骤如下。

**步骤①** 在Photoshop中打开要处理的原始照片，如图5-37所示。

图5-37

步骤 2 在工具栏中选择"多边形套索工具"（或"套索工具"等），设定运算模式为"添加到选区"，然后将人物面部的皮肤区域选中出来，如图5-38所示。

图5-38

步骤 3 接着将人物的手部也添加到选区中。在选区内右击，在弹出的快捷菜单中选择"羽化"选项，弹出"羽化选区"对话框。设置"羽化半径"为"2"，然后单击"确定"按钮完成羽化，如图5-39所示。

图5-39

步骤 4 在Photoshop主界面中，单击"图层"面板底部的"创建新的图层或调整图层"按钮，创建一个"色彩平衡 1"调整图层。打开"色彩平衡"调整面板，对人物的肤色进行调整。可以看到，人物的肤色因为环境的干扰显得有些偏红，所以要降低"红色"值，如图5-40所示。仔细观察之后可以发现，人物的面部肤色还有一些偏黄，因此要降低"黄色"值，这相当于增加了"蓝色"值。再轻微地调整"洋红"与"青色"值，让人物的肤色趋于正常。要注意的是，人物的皮肤处于一般影调区域，所以在上方的色调"通道"中选择"中间调"选项。

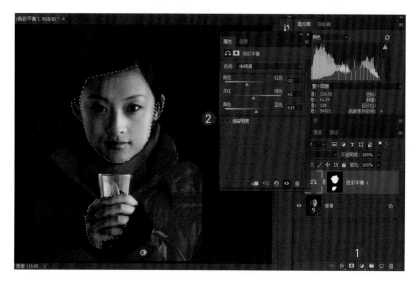

图5-40

**步骤5** 如果感觉调整的效果不够理想，可以再次微调"色彩平衡"面板中的各组参数。经过调整之后可以看到，人物的肤色已经趋于正常，并且比较红润健康，如图5-41所示。

图5-41

**步骤6** 调整之后人物的肤色虽然正常了，但是整体上还比较暗淡。下一步就是要提亮人物肤色，并且确保周围的背景及衣物等区域不会发生变化，因此还需要对选区内的人物肤色进行调整。这时可以按住【Ctrl】键，在"图层"面板中单击蒙版缩览图，再次将其载入选区，如图5-42所示。

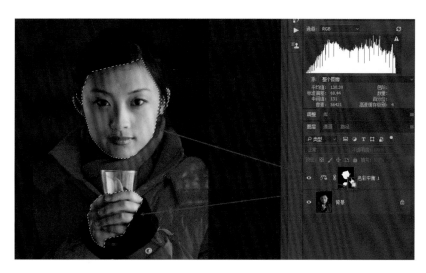

图5-42

**步骤7** 创建一个"曲线 1"调整图层，分别在左下与右上这两个位置单击创建锚点，然后慢慢向上拖动，这样可以提亮人物整体的肤色。此时的调整仍然是针对选区内的皮肤区域，如图5-43所示。

图5-43

**步骤8** 因为调整幅度非常大，所以放大照片后可以看到皮肤部位与未调整部分的边缘过渡得不够自然、平滑，如图5-44所示。

图5-44

**步骤9** 这时分别双击"色彩平衡 1"蒙版缩览图和"曲线 1"蒙版
缩览图，打开蒙版属性面板，提高"羽化"值，这样就可以
让皮肤区域与未调整区域的过渡变得比较平滑、自然，如图
5-45所示。

图5-45

## 5.3 面部及肢体塑形

对于绝大多数人来说，无论是肢体还是五官，总会有一些不尽如人意的地方。而在拍摄人
像写真时，为了追求画面的完美性，往往还要对人物的面部及肢体等进行塑形，得到完美的体
形和脸型。下面介绍对人物肢体及面部的重塑技巧。

### 5.3.1 肢体塑形

打开原始照片可以
看到，人物的小腿部分线
条弧度过大，显得比较
胖，如图5-46所示。

经过处理之后可以
看到，人物的小腿部分曲
线弧度变小，腿部变得更
加漂亮，如图5-47所示。

图5-46

图5-47

具体操作步骤如下。

步骤❶ 在Photoshop中打开要处理的人物照片,如图5-48所示。

图5-48

步骤❷ 在菜单栏中选择"滤镜"→"液化"命令,如图5-49所示。

步骤❸ 在打开的"液化"对话框左侧工具栏中选择"向前变形工具",并在右侧的面板中设置该工具的"大小""压力""浓度"及"速率"等。通常来说,"压力"要适当小一些,因为这是对人物肢体的调整,如果"压力"过大,可能会让人物的肢体变形、画面失真;"浓度"和"速率"也要设置得低一些,甚至可以保持默认值;而"大小"则可以设定得稍微大一些,使该工具刚好能够覆盖人物的小腿部分,如图5-50所示。

图5-49

图5-50

**步骤4** 按住鼠标左键并向内挤压，就可以将人物小腿底部过大的弧度校正过来。挤压之后人物腿部上方的线条也发生了变化，这是不合理的，如图5-51所示。

图5-51

**步骤5** 这时可以在左侧的工具栏中选择"重建工具"，在调整过的人物腿部进行涂抹，将之前进行的液化操作清除掉，这也是"重建工具"的功能，如图5-52所示。要注意的是，进行液化之后，按【Ctrl+Z】组合键是无法撤销液化操作的，所以需要使用"重建工具"进行清除。

图5-52

**步骤6** 清除之后，在左侧的工具栏中选择"冻结蒙版工具"，适当缩小画笔直径，提高"压力"和"浓度"值，将人物小腿周边的区域选中。可以看到，选中的位置呈现高亮的红色，这表示红色区域为冻结状态，那么此时的调整就被限定在弧度过大的小腿区域，如图5-53所示。

图5-53

**步骤 7** 再次选择"向前变形工具",对人物的小腿进行向内挤压操作,如图5-54所示。

图5-54

**步骤 8** 可以看到,腿的另一侧并没有受到影响,这是因为之前进行了冻结处理。将人物的小腿底部向内收缩到位之后,可以在工具栏中选择"解冻蒙版工具",将之前建立的冻结蒙版区域擦掉。这样就完成了人物腿部的校正,如图5-55所示。

**步骤 9** 放大后可以发现,调整区域与未调整区域的结合部分有一些不自然,这时在左侧的工具栏中选择"平滑工具",适当缩小"大小",在需要调整的位置进行涂抹,让有些扭曲的肌肉线条变得平滑起来,如图5-56所示。这样就完成了对人物腿部的调整,也就是对人物肢体重新塑形的过程。

图5-55

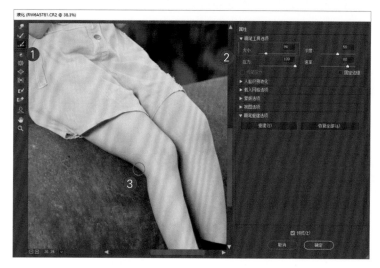

图5-56

## 5.3.2　面部整形

　　人物腿部的塑形技巧同样适用于面部的整形，但如果把握不好调整的力度，可能会让人物的面部失真。在新版本的Photoshop "液化" 滤镜中，增加了人物面部调整的功能，可以使用这些功能对人物面部进行比较专业的调修。

　　图5-57所示的原始照片在经过一定的色彩及影调处理之后，画面整体已经比较理想了，但是因为拍摄角度不理想，人物的下巴等部位显得比较大。

　　如图5-58所示，对人物面部进行精修之后，解决了人物下巴过大的问题，并且人物的面容依然比较真实自然。

图5-57                                                图5-58

下面介绍具体操作步骤。

**步骤❶** 在Photoshop中打开要处理的原始照片，如图5-59所示。

图5-59

**步骤❷** 在菜单栏中选择"滤镜"→"液化"命令，进入"液化"调整界面。在左侧的工具栏中选择"脸部工具"，此时在界面右侧可以看到"人脸识别液化"选项组，如图5-60所示。

图5-60

**步骤 3** 在"人脸识别液化"选项组中展开"脸部形状"参数组，因为要改变的是人物下巴的高度，所以要在"脸部形状"参数组中找到"下巴高度"参数，然后向右拖动滑块向内收缩下巴。可以看到，此时人物的下巴已经变得比较理想了，如图5-61所示。

图5-61

**步骤 4** 对于人物脸部比较窄、比较瘦长的问题，可以拖动"脸部宽度"参数，适当调整人物脸部的宽度，如图5-62所示。

**步骤 5** 由于光线等原因，眼睛显得有点小，因此要切换到"眼睛"参数组，调整"眼睛大小"参数，改变人物的眼睛大小。左右两边的参数分别对应人物的左眼和右眼，如图5-63所示。

图5-62

图5-63

**步骤6** 如果对面部的其他部位不满意，也可以在"脸部工具"选项组中对这些部位进行一些非常专业的调整，如图5-64所示。具体的调整过程这里就不再赘述了。

图5-64

### 5.3.3 身材变修长

下面介绍将人物的身材变得更加修长、苗条的技巧。图5-65所示为打开的原始照片，可以看到人物腰部以下的部分显得比较拥挤、不够修长。

经过调整可以看到，人物的腿部和腰部都变长了，画面的整体效果漂亮了很多，如图5-66所示。

图5-65

图5-66

下面介绍具体操作步骤。

步骤❶ 打开原始照片，在工具栏中选择"裁剪工具"，清除之前设定的裁剪比例，然后选择下方的裁剪线向下拖动，如图5-67所示。这样做相当于加高了整个照片的画布。调整完之后，按【Enter】键即可。

图5-67

**步骤②** 在工具栏中选择"矩形选框工具",在人物脖子以下的部分建立一个规则的选区,如图5-68所示。

**步骤③** 在菜单栏中选择"编辑"→"自由变换"命令,如图5-69所示。

图5-68　　　　　　　　　　　　　　　　　　　　图5-69

**步骤④** 将鼠标指针移动到下方的选区线上,如图5-70所示,待鼠标指针变为双向箭头形状,按住鼠标左键向下拖动,如图5-71所示。

图5-70　　　　　　　　　　　　　　　　　图5-71

**步骤⑤** 将人物脖子以下部分拉长之后,按【Enter】键完成拉伸操作。此时画面中仍有选区,按【Ctrl+D】组合键取消选区,照片画面如图5-72所示。

图5-72

**步骤 6** 因为调整改变了画面的构图形式，所以要在工具栏中选择"裁剪工具"，裁掉照片下方的空白区域，并适当地裁掉一些顶部区域，让构图的比例更加合理，保留画面区域如图5-73所示。这样调整完之后，按【Enter】键即可。

图5-73

可以看到，人物的身材调整整体上还是比较简单的，但是这种方法并不适合所有的人像写真画面。

## 5.4 通道磨皮

在人像摄影中，对人物肤质的优化一般称为磨皮。对于比较大的污点或瑕疵，可以通过"污点修复画笔工具"等进行修复；但有一些非常微小的、不够平滑的画质部分，不能总是用"污点修复画笔工具"进行修饰，而且修饰的效果也不好，这时就需要使用磨皮来进行肤质的优化。在人像摄影后期，磨皮的思路非常多，可以通过下载一些第三方滤镜（如柯达磨皮滤镜等）进行磨皮。但是这种第三方滤镜不够智能，往往会掩盖人物面部的很多精彩细节，画质也不够锐利。而Photoshop中有两种比较经典的磨皮方式，即通道磨皮和双曲线磨皮。

下面介绍通道磨皮。这种磨皮方式相对来说可能并不容易理解，但是它的操作比较简单，功能也比较强大。图5-74所示为打开的原始照片，已经用"污点修复画笔工具"消除了一些比较大的瑕疵及黑头等，但是人物的肤质仍然不够平滑、白皙，画面不够漂亮。

磨皮之后可以看到，照片充分保留了人物面部的锐度，并且人物的腮部、额头等部分的皮肤变得非常光滑、白皙，整个画面漂亮了很多，如图5-75所示。

图5-74

图5-75

具体操作步骤如下。

**步骤①** 在Photoshop中打开图5-76所示的原始照片，然后按【Ctrl+J】组合键复制一个图层，如图5-77所示。

图5-76                                    图5-77

**步骤 2** 切换到"通道"面板，分别查看"红""绿""蓝"3个单色的通道，然后观察哪个通道中人物面部的瑕疵部分与其他光滑的皮肤部分反差最为明显。经过比对可以发现，"绿"通道中瑕疵部分与光滑皮肤部分的反差是最大的，如图5-78所示。这与抠取人物图时，查找发丝与背景反差最高的通道是一样的原理。

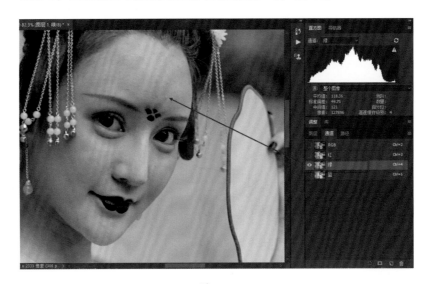

图5-78

**步骤 3** 右击"绿"通道，在弹出的快捷菜单中选择"复制通道"命令，生成一个"绿 拷贝"通道并将其选中，如图5-79所示。

图5-79

**步骤4** 在菜单栏中选择"滤镜"→"其他"→"高反差保留"命令，如图5-80所示。打开"高反差保留"对话框，适当提高"半径"值，确保能够将这些污点和瑕疵的边缘都提取出来。将"半径"设定为"7.6"时，可以看到人物额头的一些黑头及瑕疵提取得比较理想，然后单击"确定"按钮，如图5-81所示。

图5-80

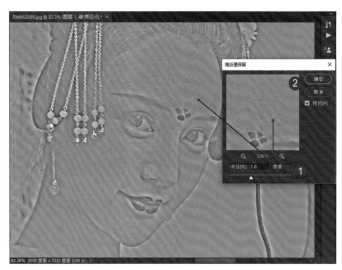

图5-81

**步骤5** 提取出这些边缘之后，要对它们进行强化，让这些污点及瑕疵的痕迹越来越明显，最后单独对它们进行提亮，让它们与周围的皮肤部分变得协调，这也是通道磨皮的原理。在菜单栏中选择"图像"→"计算"命令，如图5-82所示。打开"计算"对话框，其中"源1"和"源2"都是打开的这张照片，操作对象都是"绿 拷贝"图层，将"混合"模式设置为"叠加"，即一次一次地加强提取出来的黑头边缘部分，然后单击"确定"按钮，如图5-83所示。

图5-82

图5-83

**步骤 6** 此时在通道中生成了一个名称为"Alpha 1"的通道，如图5-84所示。这时在菜单栏中选择"图像"→"计算"命令，再次打开"计算"对话框，继续对这种边缘线条进行叠加强化，如图5-85所示。

图5-84                                       图5-85

**步骤 7** 经过2~3次"计算"操作之后，可以看到画面中人物面部的一些瑕疵变得非常明显了，如图5-86所示。

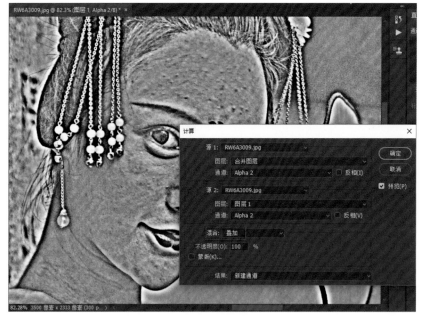

图5-86

**步骤 8** 再执行一次"计算"命令，打开"计算"对话框，将"混合"模式设定为"线性光"。此时可以看到，提取出来的污点和瑕疵部分几乎变为纯黑，而光滑的皮肤部分变为纯白，然后单击"确定"按钮，如图5-87所示。

**步骤 9** 通过上述操作，就将皮肤中不够光滑的元素都排除到了选区之外，而光滑的部分则呈现为白色。由于经过多次叠加，"通道"面板中生成了"Alpha 1""Alpha 2""Alpha 3"及"Alpha 4"4个通道。按住【Ctrl】键并单击"Alpha 4"通道，就可以将选区载入了，如图5-88所示。

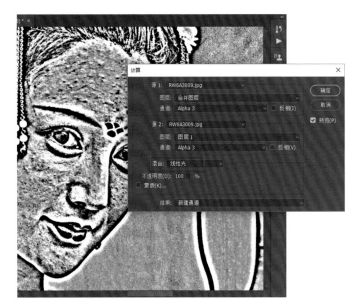

图5-87

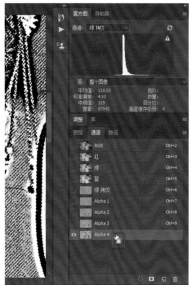

图5-88

**步骤 10** 注意，这时载入的是光滑的皮肤区域，而我们要处理的是不光滑的区域，所以需要进行反选。在菜单栏中选择"选择"→"反选"命令，如图5-89所示，这样就将不够光滑的黑头、瑕疵及非常少的不理想的皮肤区域都选择出来，然后单击"RGB"复合通道回到彩色的状态，如图5-90所示。

图5-89

图5-90

**步骤 11** 再次回到"图层"面板，单击"图层"面板底部的"创建新的填充或调整图层"按钮，在展开的列表中选择"曲线"命令，打开"曲线"调整面板，适当提高曲线的亮度。此时可以看到人物的面部变得非常光滑，因为这里将不光滑的黑头及瑕疵部分都单独提取出来，并对它们进行了提亮处理，因此它们就与原本光滑的皮肤融合在一起，整个人物的肤质就显得非常光滑、白皙了，如图5-91所示。

图5-91

**步骤⑫** 因为之前进行的调整不可避免地会将人物的眼部、眉毛及睫毛等区域也纳入选区，所以需要将它们清除。在工具栏中选择"画笔工具"，将前景色设置为灰色，即不进行100%的擦拭，将"不透明度"设置为"100%"，然后设定合适的画笔直径大小，在人物的眉毛、睫毛、眼珠、嘴唇及鼻孔等区域慢慢地擦拭，将这些区域还原出原有的锐度，如图5-92所示。

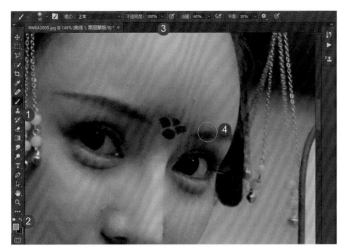

图5-92

**步骤⑬** 如果感觉画面的清晰度不够，可以适当降低新创建蒙版的"不透明度"，使画面的效果更加自然，如图5-93所示。

图5-93

**步骤14** 使用这种通道磨皮方法,可以消除大部分非常微小的瑕疵,但是对于一些比较大的黑头及痘子等是无法彻底消除的。这时按【Ctrl+Shift+Alt+E】组合键制作盖印图层,然后在工具栏中选择"污点修复画笔工具",设定合适的画笔直径大小,将比较大的瑕疵清除就可以了,如图5-94所示。最后拼合图层,再将照片保存,这样就完成了照片的磨皮操作。

图5-94

本案例中比较难理解的是为什么要进行"高反差保留""计算"和"叠加"操作。事实上,利用"高反差保留"功能可以提取并保留人物皮肤中反差比较高的瑕疵部分,再通过"计算"进行叠加,不断地强化这种不够平滑的边缘部分,然后将这些瑕疵区域选择出来进行提亮,最终得到非常光滑的人物肤质。

第 **6** 章

# 风光后期

    风光摄影后期是比较容易入门的，对照片进行简单的影调与色调优化，就可以让画面变得与众不同。但从某种意义上来说，风光摄影后期的难度也是最大的，因为它需要用到几乎所有的摄影后期技术，并且很多时候要将这些技术综合起来使用，才能修出想要的照片效果。

    本章将介绍风光摄影后期的一些基本原理和思路，以及具体的后期处理过程。

## 6.1 风光后期前的准备

在前期拍摄时，摄影师如果多注意一些简单的问题，就可以拍摄到更理想的画面，让后期工作事半功倍，更容易得到想要的画面效果。

### 6.1.1 正确的拍摄时间

一般的风光题材大多是在早晚两个时间段拍摄的。所谓早晚两个时间段，是指在日出和日落前后1小时范围内的时间段。此时间段内的太阳光线比较柔和，太阳与地面的夹角比较小，景物的阴影比较明显，这样更容易塑造出丰富的光影效果；并且因为光强比较低，不会让受光部分产生太多的高光溢出，避免损失太多的细节。另外，早晚两个时间段的太阳光线色彩比较丰富，会让画面的色彩感更加漂亮。

如果无法在早晚两个时间段拍摄，那么拍摄风光作品时一定要注意，尽量去寻找一些比较有表现力的题材。如图6-1所示，虽然这是在午后太阳光强度比较大的场景中拍摄的，但由于云层比较厚重，表现力很强，遮挡了强烈的光线，因此也得到了比较好的效果。

图6-1

事实上，在日出和日落的前后一段时间之内，漫天的云霞会将画面色彩渲染得非常瑰丽，这也是风光作品创作的一个黄金时间段，如图6-2所示。

图6-2

日落时分，暖色调的光线照射到景物上，会让画面变得暖洋洋的，色彩比较丰富漂亮；而相对较弱的光线可以避免画面中出现高光溢出及暗部严重曝光不足的现象，从而让景物细节比较丰富，如图6-3所示。

图6-3

### 6.1.2 避免构图不完整

在前期拍摄时，要尽量将想重点表现的对象拍摄得完整一些。如图6-4所示，画面要表现出在漫山遍野的桃花衬托下的"野长城"美景，但因为没有将"野长城"表现得足够好，所以这是一种构图不完整的画面形式。这张画面给人的感觉就是只突出了桃花，但对"野长城"的塑造不够成功，并且后期也没有可弥补的余地。从这个角度来看，本次的摄影创作并不成功。

图6-4

所谓构图完整，并不是说必须要将景物拍全。如图6-5所示，画面中的长城虽然不全，但是它的比例及形态等已经很好地展现出来。从这个角度来看，这个画面的拍摄目的就达到了，后期可调整的余地也是比较大的。

图6-5

### 6.1.3　RAW格式

　　如果要对风光摄影作品进行后期处理，那就一定要拍摄RAW格式照片。因为RAW格式的原始文件在后期软件中可以调出非常细腻的画面效果，将局部的色彩渲染得非常美丽。如果只是拍摄了JPEG格式的照片，那么在后期处理时可能会对画质的损伤比较严重，许多色彩也会出现断层等问题，如图6-6所示。

图6-6

　　在拍摄一些微光、夜景等题材时，RAW格式更是必不可少，而且在拍摄RAW格式的原始文件之后，可以对照片进行降噪及锐化等处理，效果会更加理想，如图6-7所示。

图6-7

### 6.1.4  多准备一些素材

摄影后期可能会涉及多种后期手段的应用，在没有具体的可拍题材时，可以多拍一些简单的素材，这些素材在后期处理中，可以作为合成用的元素。例如，在公园中闲逛时随手拍摄的花卉照片（图6-8）单独呈现时可能不够理想，但如果与一些人物等题材的照片进行合成，就会得到一张非常理想的多重曝光效果的照片（图6-9）。

图6-8 图6-9

另外，在光线好的环境中，天空的云层比较漂亮时，即使没有好的地景，也可以多拍一些天空云层的素材照片，以便进行后期的合成处理，如图6-10所示。

图6-10

### 6.1.5 附件选择的新定义

随着摄影器材性能的不断进步，后期软件的功能逐渐强大，用户对于摄影附件的选择也有了一些新的变化。对于风光题材来说，三脚架、快门线等附件仍然必不可少，但与前几年相比，对于滤镜的选择则改变了许多。例如，现在的相机对于色彩和高光的控制已经比较理想了，很多时候即使不在镜头前加装偏振镜，也能够得到色彩及影调都比较理想的画面效果。

如图6-11所示，这张照片虽然没有使用任何的偏振镜、渐变镜等，但仍然得到了很好的画面效果。

图6-11

逆光拍摄大光比的画面时，传统的操作要求中渐变镜是必不可少的。但随着软件功能的不断强大，现在已经可以采用包围曝光的方式拍摄，最后进行HDR合成，就可以得到一张各区域影调都非常完美的照片，如图6-12所示。也就是说，借助于三脚架进行包围曝光拍摄，就可以不使用偏振镜了。

图6-12

　　类似于图6-13所示的这种慢门的效果，在传统的方式中需要使用减光镜来降低快门速度。但其实借助后期软件中的堆栈功能，完全可以不使用减光镜就能够得到这个画面，只要拍摄一些素材之后在软件中进行堆栈合成即可。

图6-13

　　拍摄星轨时可能需要进行长时间的曝光，而数码相机在进行长时间曝光时噪点非常多，往往无法得到理想的效果。但借助软件强大的功能，对拍摄的单张星空照片进行后期堆栈，就可以得到非常理想的、甚至远超胶片相机时代的星轨效果，如图6-14所示。

图6-14

　　当然，这并不是说要彻底抛弃所有的滤镜，只是说借助后期软件多了一种选择，可以让用户在不携带大量滤镜等器材的前提下，得到足够理想的画面。当然，对于深谙风光摄影的用户来说，好的双肩包、快门线、三脚架及防寒器材等仍然是必不可少的，如图6-15所示。

图6-15

## 6.1.6 风光后期的误区

### 1. 饱和度太高

    初学者在对拍摄的风光照片进行后期处理时，往往存在一些明显的误区。例如，喜欢将对比度提得很高，认为这样可以得到更明显的影调层次；或者将饱和度提得很高，认为这样照片看起来比较艳丽、吸引人。但对比度或饱和度太高，会让画面看起来明显失真、不够耐看，并且许多真实的色彩会损失掉，如图6-16所示。

图6-16

## 2. 锐度太高

与饱和度、对比度太高的结果相似，锐度太高也会让画面看起来不够真实自然。当然，相对于一般的题材来说，风光照片的对比度、色彩及锐度还是要适当偏高一点的。

## 3. 沉迷于剑走偏锋

许多初学者没有良好的后期基础，但借助第三方的滤镜及预设，可以直接对照片进行快速的修饰和出片，有时也能得到比较漂亮的画面效果，如图6-17所示。不过通常来说，还是应该认真地、循序渐进地学习基本的后期知识，不要总套用预设和第三方滤镜，那对于后期水平的提升没有任何帮助，只会让自己逐渐变得钻牛角尖、剑走偏锋。

图6-17

# 6.2 完整的风光后期

下面通过一个具体的案例来介绍一套比较完整的风光摄影后期修片流程，以及具体的处理思路。首先打开原始照片，可以看到照片中色彩感比较弱，并且有些偏色，照片整体显得灰蒙蒙的，如图6-18所示。

经过调整之后可以看到，画面的色彩变得比较准确，影调层次也比较丰富，画面整体上漂亮了很多，如图6-19所示。

图6-18

图6-19

**步骤❶** 打开照片之后，先校正照片四周的暗角及一些几何畸变。在菜单栏中选择"滤镜"→"镜头校正"命令，如图6-20所示。

图6-20

**步骤❷** 进入"镜头校正"界面，在左侧的工具栏中选择"拉直工具"（其实选择"裁剪工具"时也可以使用拉直功能），只要沿着照片中明显的水平线拖动，就可以让画面的水平得到校正。拖动的距离越长，校正的效果越好。因为原始照片的地平线有一些倾斜，所以先对地平线进行校正，如图6-21所示。

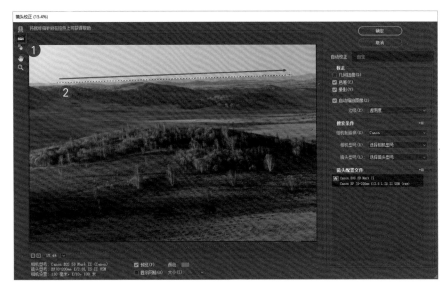

图6-21

**步骤❸** 校正之后的画面如图6-22所示。事实上，此时的画面是经过了各种校正的结果，因为在"镜头校正"界面右侧的"校正"选项组中可以看到，"几何扭曲""色差"及"晕影"等复选框全部处于选中状态，即软件自动对该画面进行了校准。

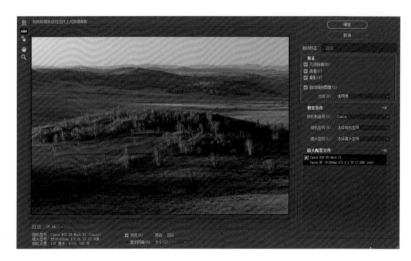

图6-22

**步骤❹** 如果取消选中"几何扭曲"及"晕影"复选框，可以看到画面的四角（尤其是右上角）出现了一定的晕影，即轻微的暗角，如图6-23所示。

图6-23

**步骤❺** 接下来，可以根据照片真实的状态进行更加科学的调修。因为是长焦镜头拍摄，所以"几何扭曲"并不是很严重，可以先选中"色差""晕影"及"自动缩放图像"3个复选框。然后在"搜索条件"选项组中选择"相机制造商"，即这张照片是哪个品牌的相机拍摄的，选择相应的"相机型号"及"镜头型号"，这样软件就会自动根据机型及镜头的性能对画面进行校正，往往能够得到非常好的效果。设定完成后单击"确定"按钮返回，这样就对画面的水平、暗角及色差等实现了很好的校准，如图6-24所示。

图6-24

**步骤6** 此时对校准后的画面进行局部的修饰。因为照片前景中存在一些比较乱的元素，这时在工具栏中选择"污点修复画笔工具"，设定合适的画笔直径大小，将"模式"设置为"正常"，"类型"设置为"内容识别"，然后在前景杂乱的树木上涂抹，如图6-25所示。这样可以将前景中比较乱的一些元素修掉，让画面变得干净起来。

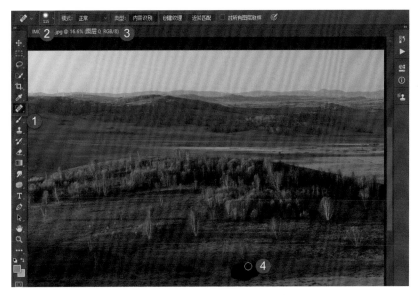

图6-25

**步骤7** 可以看到画面前景变得干净了很多，画面整体也变得非常简洁，如图6-26所示。

**步骤8** 对照片的暗角、水平及局部瑕疵进行校正之后，就可以对照片的影调层次及色彩进行调修了。单击"图层"面板底部的"创建新的填充或调整图层"按钮，在弹出的菜单中选择"曲线"命令，创建"曲线"调整图层，如图6-27所示。也可以在"调整"面板中直接单击"曲线"图标，创建"曲线"调整图层。

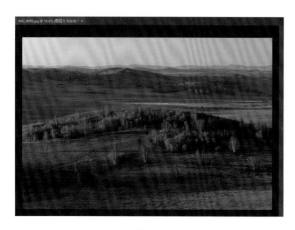

图6-26                                                  图6-27

**步骤 9** 此时在"图层"面板中生成了一个曲线加蒙版的图层,并打开"曲线"调整面板,如图6-28所示。

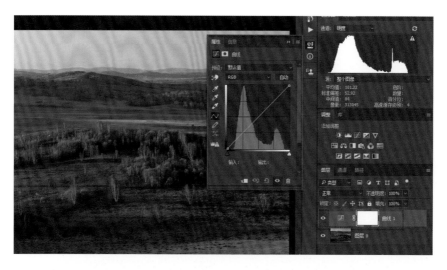

图6-28

**步骤 10** 从Photoshop主界面右上方的"明度"直方图中可以看到,原照片中缺乏高光及暗部像素。所以要在打开的"曲线"调整面板中,分别单击右上角和左下角的锚点,并拖动鼠标向内收缩,裁掉空白的部分,让照片的色阶变为从0~255的全色阶分布。裁剪之后,关掉"明度"直方图右上角的"高速缓存",可以看到此时的直方图是全色阶分布的,即从0~255都有像素分布,如图6-29所示。

**步骤 11** 通过以上调整,就重新定义了照片中最暗和最亮的部分,让照片变为全色阶的理想状态。但是由于中间调的对比度不够,因此照片整体上还是显得灰蒙蒙的,这时分别在曲线的左下方和右上方单击创建锚点,向上拖动亮部的锚点,向下拖动暗部的锚点,这种轻微的S形曲线可以强化中间调的对比度,如图6-30所示。

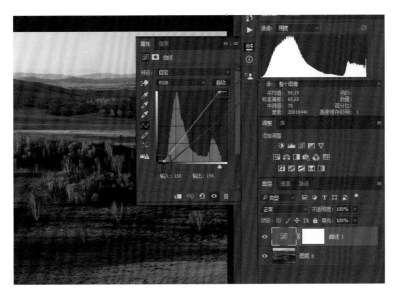

图6-29

图6-30

**步骤 12** 强化中间调的对比度之后，可以看到照片左上角靠近光源的部分亮度过高，没有了层次和色彩信息，这时在"图层"面板中选中蒙版缩览图，如图6-31所示。在工具栏中选择"渐变工具"，将前景色设置为黑色，背景色设置为白色，设定从黑到透明的线性渐变。然后在照片的左上角向略偏右下的角度拖动，这样可以还原原始照片高光的区域，从而避免这个区域的亮度太高，如图6-32所示。

图6-31                           图6-32

**步骤⑬** 经过上述调整之后，就将照片的影调层次调到了一个比较理想的状态。但是经过观察可以发现，照片的色彩不够理想，这时再次创建一个"曲线"调整图层。在"曲线"面板的左侧单击"在图像中取样以设置灰场"按钮，该工具用于寻找画面中的中性灰，并以此为基准来还原照片的色彩。接下来在照片画面中查找中性灰的位置，如果没有中性灰，可以查找黑色或纯白色的位置，即没有偏色的位置。这里找到的是"黑色"的位置，然后单击此位置，并以此为基准对其他区域进行色彩的还原，这也是白平衡校正的过程。经过校正之后，可以看到"曲线"面板中间的各种色彩通道发生了一定的变化，而照片整体的色彩也得到了优化，如图6-33所示。

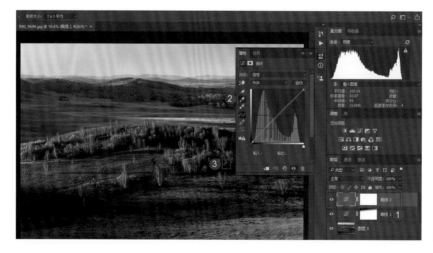

图6-33

**步骤⑭** 即便进行了色彩平衡的调整，此时的画面整体仍然有些偏黄。这时可以切换到"蓝"通道，向上拖动蓝色曲线增加蓝色的比例，这也相当于降低了黄色的比例，此时的曲线形状及画面效果如图6-34所示。

图6-34

**步骤(15)** 拖动之后可以看到照片是偏洋红的，这时可以切换到"绿"通道，适当地向上拖动绿色曲线，增加绿色的比例就相当于降低了洋红的比例，曲线形状及画面效果如图6-35所示。

图6-35

**步骤(16)** 经过调整之后可以看到，画面的色彩比较符合个人期望了，整体比较清爽，如图6-36所示。

**步骤(17)** 此时画面整体的色彩感比较弱，即色彩不够浓郁，这时可以在此创建一个"自然饱和度"调整图层。在打开的"色彩自然饱和度"面板中，提高"自然饱和度"值，稍微提高"饱和度"值，让画面的色彩感变强，如图6-37所示。注意，"自然饱和度"主要用于提高照片中色彩感比较弱的一些景物的色彩，而"饱和度"则用于提高全图中所有色彩的饱和度。

图6-36

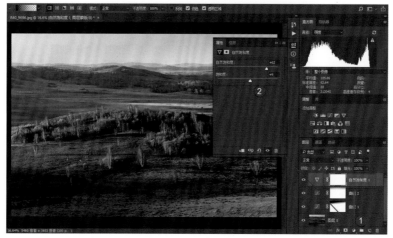

图6-37

步骤⑱ 经过上述调整之后，照片的影调及色彩都比较理想了。但在输出之前，还要进行画质的优化，按【Ctrl+Alt+Shift+E】组合键制作盖印图层，如图6-38所示。在菜单栏中选择"滤镜"→"锐化"→"USM锐化"命令，如图6-39所示。

图6-38

图6-39

**步骤⑲** 打开"USM锐化"对话框，提高"数量"值，适当地提高"半径"值，但是"半径"值一般不要超过2像素。从中间的预览图中可以看到景物得到了锐化，如图6-40所示。如果要观察锐化之前的画面效果，只要在预览窗口中单击，即可查看原始状态，如图6-41所示。经过比对可以看到，锐化之后的画质明显更加锐利清晰。

**步骤⑳** 画质优化之后，右击某个图层的空白处，在弹出的快捷菜单中选择"拼合图像"选项，这样就可以将所有的图层拼合起来，如图6-42所示。

图6-40           图6-41           图6-42

**步骤㉑** 在菜单栏中选择"编辑"→"转换为配置文件"命令，打开"转换为配置文件"对话框，将"目标空间"选项组中的"配置文件"设定为sRGB，然后单击"确定"按钮，如图6-43所示。

图6-43

最后在菜单栏中选择"文件"→"存储为"命令，将照片保存。此时将照片存储为sRGB之后，只是满足了计算机浏览及网络分享的需求，如果要用于印刷及喷绘等，最好将色彩空间配置为Adobe RGB。

## 6.3 强化日出与日落色彩

下面通过一个案例介绍在早晚两个时间段拍摄出的日出与日落画面的处理思路。图6-44所示为打开的原始照片，可以看到画面的色彩感比较弱、反差比较大，地面景物及天空的云霞色彩表现力不足。

经过调整之后，可以看到云霞色彩非常浓郁，地面景物也呈现出了更多的细节，画面整体变得比较理想，如图6-45所示。

图6-44

图6-45

具体操作步骤如下。

**步骤 1** 在Photoshop中打开要处理的原始照片，如图6-46所示。

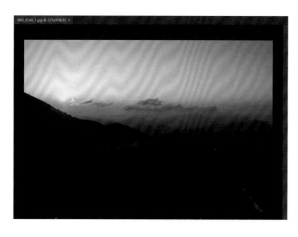

图6-46

**步骤 2** 可以看到，照片右侧因为炫光的原因出现了"鬼影"，这时在工具栏中选择"仿制图章工具"，将鬼影消除，如图6-47所示。注意，这里之所以不选择"污点修复画笔工具"，是因为这团"鬼影"出现在城墙的线条上，如果直接使用"污点修复画笔工具"进行涂抹，会破坏背景的纹理。

图6-47

**步骤③** 利用"仿制图章工具"可以对这团"鬼影"进行很好的修复，如图6-48所示。

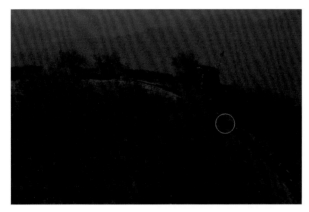

图6-48

**步骤④** 创建一个"曲线"调整图层，在"曲线"调整面板中向下拖动曲线，降低整个画面的亮度。此时可以看到天空的亮度被降了下来，同时地景也变得非常暗淡，如图6-49所示。

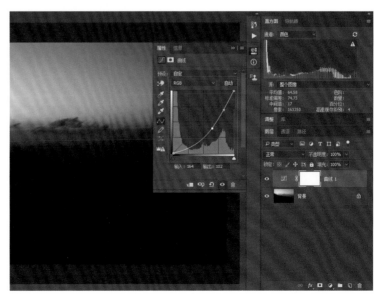

图6-49

**步骤⑤** 在"图层"面板中单击曲线蒙版缩览图，然后在工具栏中选择"渐变工具"，设置前景
色为黑色、背景色为白色，并设定从黑到透明的线性渐变，然后在天际线区域由下向上
进行拖动，将地景的亮度还原出来，还原出来的区域为没有进行曲线调整的原始状态，
如图6-50所示。

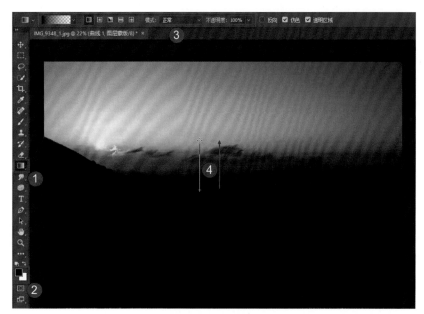

图6-50

**步骤⑥** 还原出地景亮度之后，因为左侧山体是倾斜的，所以这一区域仍然比较暗淡，没有被合
理还原。这时再次在画面的左下角向右上拖动制作渐变，将这一片背光的区域也还原出
来，如图6-51所示。

图6-51

**TIPS**

　　注意，在"渐变工具"的选项栏中，之所以设定从黑到透明的渐变，就是为了应对这种情况。如果选择从黑到白的渐变，那么在画面中只可以拖动制作一次渐变，只有设定从黑色到透明的渐变，才能多次制作渐变。

**步骤⑦** 经过使用"渐变工具"对蒙版进行擦拭之后，可以看到天空的亮度降了下来，而地景没有发生变化，如图6-52所示。

图6-52

**步骤⑧** 如果感觉调整效果过于强烈，画面灰蒙蒙的，可以适当降低蒙版的"不透明度"，让效果更加自然，如图6-53所示。

**步骤⑨** 上述操作是对画面的整体影调进行了优化，接下来就可以考虑进行调色处理了。再次创建一个"曲线"调整图层，如图6-54所示。

图6-53

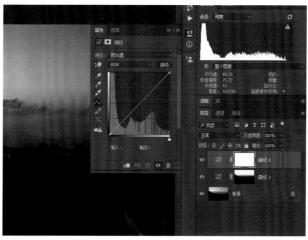

图6-54

**步骤 10** 切换到"红"通道，在曲线的亮部创建锚点并向上拖动，然后在暗部创建锚点向下恢复一些，这相当于保持暗部的色彩不变，让亮部变得更红一些，如图6-55所示。之所以这样操作，是因为亮部对应着天空照亮的部分及太阳周边，云霞部分本身就应该偏红黄色的。

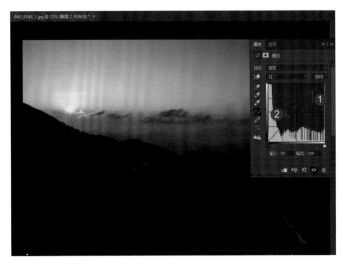

图6-55

**步骤 11** 红色调整到位之后，切换到"蓝"通道，选中曲线右上角的锚点并向下拖动，降低高光部分的蓝色，这也相当于增加了高光部分的黄色，对于暗部应稍微恢复一些，如图6-56所示。

图6-56

**步骤 12** 再切换到"绿"通道，稍微向下拖动一点绿色曲线，让天空的高亮部分渲染上一点点洋红色，因为日出和日落时是有一定洋红成分的，如图6-57所示。

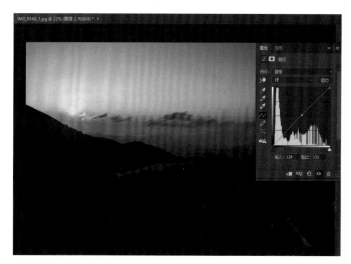

图6-57

**步骤 13** 对色彩渲染完毕之后，回到RGB复合曲线，适当强化画面的反差。此时RGB曲线及3种单色曲线的形状如图6-58所示。

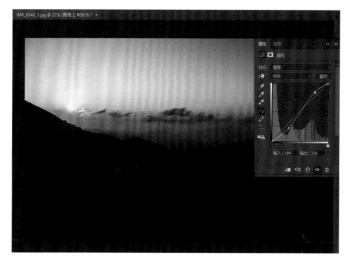

图6-58

**步骤 14** 因为强化了画面的反差，所以地景部分变得比较暗淡，这时在工具栏中选择"画笔工具"，将前景色设置为黑色，设置相对较大的画笔直径，在被光线照射的地面部分进行涂抹，将其还原出一定的亮度，制作出一定的光影效果。另外，还要注意适当缩小画笔直径，将作为主体的长城城体部分擦拭出来，如图6-59所示。

**步骤 15** 最后双击擦拭的蒙版缩览图，在打开的蒙版"属性"对话框中提高"羽化"值，让擦拭的边缘显得更加自然，如图6-60所示。

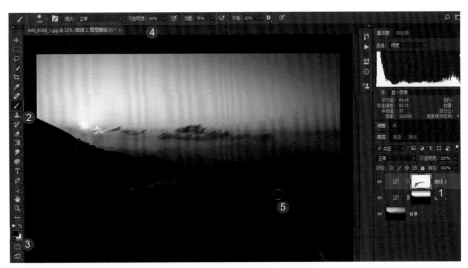

图6-59

图6-60

这样就完成了这张照片的调整，回顾一下处理过程：首先对整个画面的影调进行整体的把握和调整；调整好之后进行色彩的渲染，让色彩变得漂亮起来；最后对主体及比较重点的部分进行一定的还原，让它们变得更加突出。

## 6.4 打造自己的风格（以画意风格为例）

在前面的案例中学习了一般风光题材及日出、日落照片的后期思路。下面介绍另一种后期思路——怎样打造自己的风格。其实自己偏好的风格有时候并不是那么理想，可能并不被其他人所接受，所以在建立自己的风格时，要充分参考一些比较流行的风格进行调色，最终打造出既让自己满意又能被大家广泛接受的色调风格。

下面这个案例的调色是一种比较典型的画意风格，在学习过这种风格之后，按照这种思路多尝试一些不同的风格，会让自己的照片变得与众不同。图6-61所示为一张霞浦鱼耕的照片，其实照片本身并没有太大的问题，但经过后期调色之后，制作成了一种比较淡雅、清爽的画意风格，与烟雨江南的气质很相符，如图6-62所示。

图6-61

图6-62

具体操作步骤如下。

**步骤 1** 在Photoshop中打
开原始照片，然后
创建一个"曲线"
调整图层，选中
"曲线"调整面板
的标题栏并向一
侧拖动，避免这个
面板遮挡画面的
效果，如图6-63
所示。

图6-63

**步骤 2** 在"曲线"面板左侧选择"抓手工具"，将鼠标指针移动到照片中想要提亮的位置，因为对于这种画意风格来说，画面中的反差往往比较小。可以看到右下角海面部分比较沉重、暗淡，所以放在这个位置按住鼠标左键向上拖动，可以提亮比较沉重的暗部，如图6-64所示。

图6-64

**步骤 3** 由于照片上方远处的天空亮度比较高，且有些过曝，因此将鼠标指针移动到这个位置，按住鼠标左键向下拖动，降低该区域的亮度。经过两次调整，缩小了画面的反差，这是一个反S形的曲线形状，用于降低画面的反差，这样画面看起来就会更加柔和，如图6-65所示。

图6-65

**步骤 4** 经过观察可以发现，画面中间部分属于一般亮度的区域，亮度还是过低，可以将鼠标指针放在这个位置，按住鼠标左键稍微向上拖动，让画面的影调层次过渡得更加柔和、平滑，如图6-66所示。

图6-66

**步骤⑤** 按照之前介绍的思路，分别将鼠标指针移动到照片中过暗的位置上，按住鼠标左键向上拖动进行提亮；将鼠标指针移动到过亮的位置上，按住鼠标左键向下拖动进行压暗。这样多次操作之后，画面的整体影调就会变得非常朦胧、柔和、唯美，如图6-67所示。

图6-67

**步骤⑥** 一般来说，画意色调的画面整体色彩是比较干净、简单的，而当前照片中，近景的海滩区域红色的饱和度非常高。这时创建一个"色相/饱和度"调整图层，在打开的"色相/饱和度"面板中选择"红色"通道，然后选择"抓手工具"，将鼠标指针移动到红色区域，按住鼠标左键向左拖动，这样可以降低红色的饱和度，如图6-68所示。

**步骤⑦** 适当提高红色的"明度"值，这样可以进一步减淡红色，如图6-69所示。

图6-68

图6-69

**步骤 8** 如果有一些偏红的区域没有纳入进来，可以在"色相/饱和度"面板底部单击"添加到取样"按钮，将漏掉的一些偏红区域也纳入进来，这些区域的色彩就会变淡，整体明度也会变高，如图6-70所示。

图6-70

**步骤 9** 观察画面可以发现，远山区域是有一些偏蓝、偏青的，此时在通道中选择"青色"选项，然后选择"抓手工具"，将鼠标指针移动到远处的山峰上，按住鼠标左键向左拖动，降低青色的"饱和度"值，并适当提高青色的"明度"值，让青色也降下来，如图6-71所示。

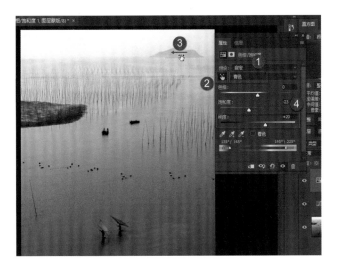

图6-71

**步骤 10** 经过上述调整之后，画面的整体对比度变得非常低，色彩也变得非常单调、干净，整体画面比较柔和，而画意风格往往是一种偏青、偏绿的色彩效果。此时可以再创建一个"曲线"调整图层，切换到"红"通道，向下拖动红色曲线，这相当于为照片添加了青色，如图6-72所示。

图6-72

**步骤 11** 仅有青色是不够的，继续切换到"绿"通道，向上拖动绿色曲线，为照片画面添加绿色，这样照片就变得偏青绿色，如图6-73所示。

图6-73

**步骤 12** 经过上述调整，画面被打造成了一种比较轻柔的画意风格，但在输出照片之前，可以映射一下画面的影调层次，让画面的影调过渡得更加平滑、理想。创建一个"渐变映射"调整图层，在打开的"渐变映射"面板中单击中间的灰度条，打开"渐变编辑器"对话框，在对话框中选择"黑，白渐变"选项，然后单击"确定"按钮，如图6-74所示。这个过程的原理是，将照片的影调层次非常准确地对应到从纯黑到纯白的影调过渡上，让过渡更加理想。

图6-74

**步骤 13** 制作渐变映射之后，可以看到此时的画面为灰度状态，这时只要将"渐变映射"调整图层的混合模式改为"明度"就可以了，如图6-75所示。

**步骤 14** 如果对照片感觉比较满意，可以观察一下明度直方图的波形，如果没有大量的暗部与高光损失，就是比较理想的照片了。最后将所有的图层拼合起来作为一个单独的"背景"图层，再将照片保存即可，如图6-76所示。

图6-75

图6-76

　　画意风格只是众多风格中的一种,摄影者还可以尝试一些不同的风格,如复古、怀旧及重彩等。至于这些不同风格的色调,就需要摄影者自己进行尝试,或是积累一些经验才能进行调整。经过不断的积累经验就会知道,怀旧风格的画面往往偏红、偏黄;而复古风格的画面往往会有一些偏黄、偏青。当然,这只是一般的思路,在具体的应用中,还需要根据自己的喜好,以及一些简单的色彩规律来进行色彩的渲染。

## 6.5 置换天空

之前在摄影创作中介绍过，对于风光题材可以多拍摄一些素材图片，那么下面的这个案例就会涉及这个知识点。图6-77所示为一张箭扣长城日落的照片，因为天气不是很理想，所以只是匆匆拍摄了地景。

图6-77

图6-78所示为一张晚霞下的照片，但地景部分不是特别理想。从这两张照片来看，可以考虑利用长城的地景与本照片的天空进行合成。

图6-78

经过合成之后，得到了图6-79所示的精彩画面，地景与天空都比较理想。

图6-79

具体操作步骤如下。

**步骤 1** 在Photoshop中打开这两张照片。单击天空的照片，按住鼠标左键将这张照片向地景照片的标题上拖动，如图6-80所示。

图6-80

**步骤 2** 切换到地景照片之后，继续拖动天空照片到地景照片上，如图6-81所示。

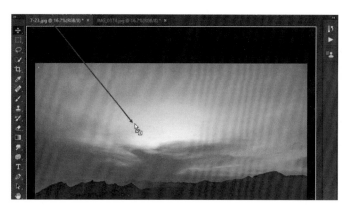

图6-81

**步骤 3** 松开鼠标之后，可以看到天空照片已经叠加到了地景照片上，在"图层"面板中可以看到图层的分布状态，如图6-82所示。

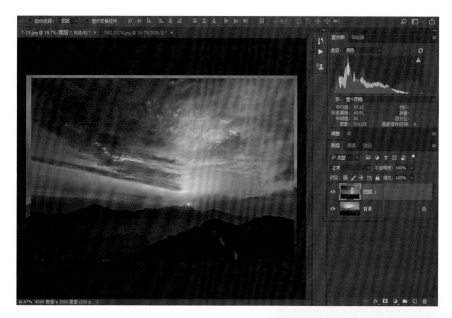

图6-82

**步骤 4** 在菜单栏中选择"编辑"→"自由变换"命令，对天空照片进行大小调整，使其能够完全覆盖地景照片，如图6-83所示。

图6-83

步骤 **5** 按【Enter】键完成天空照片的大小调整，在"图层"面板中适当降低天空照片的"不透明度"，然后在画面中拖动天空照片的位置，让其与地景照片的天际线基本重合，如图6-84所示。

步骤 **6** 调整好位置后，将天空照片的"不透明度"恢复为100%，然后单击"图层"面板底部的"创建图层蒙版"按钮，为天空照片创建一个蒙版，如图6-85所示。

图6-84

图6-85

步骤 **7** 在工具栏中选择"渐变工具"，设定前景色为黑色、背景色为白色，并设定从黑到透明的渐变，设置样式为"线性渐变"，设置"不透明度"为"100%"，然后在天际线位置由下向上拖动，利用渐变将天空照片的地景擦掉，只保留天空部分，如图6-86所示。

图6-86

**步骤 8** 通过以上步骤，就将两张照片合成在了一起，但观察照片可以发现，天空与地景的色彩并不是特别协调。此时可以创建一个"曲线"调整图层，在打开的"曲线"调整面板底部单击"剪切到图层"按钮。这时创建的"曲线"调整图层左侧出现了一个向下的箭头，而其下方的图层名称出现了下画线，这表示曲线调整是针对天空照片的，而非针对全图，如图6-87所示。

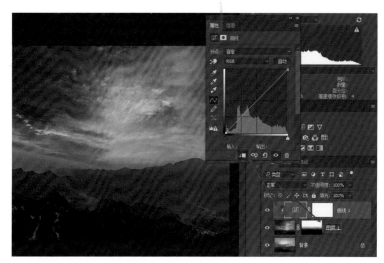

图6-87

**步骤 9** 向下拖动曲线，降低天空的亮度，如图6-88所示。

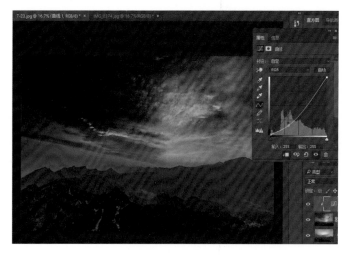

图6-88

**步骤 10** 降低高光区域的亮度，适当调整曲线，通过调整让天空与地景的影调及色彩变得协调起来，如图6-89所示。

**步骤 11** 协调好整个画面之后，再创建一个"曲线"调整图层，这次的调整图层是针对全图的，然后提亮照片的亮部，适当地恢复暗部，曲线形状及画面效果如图6-90所示。

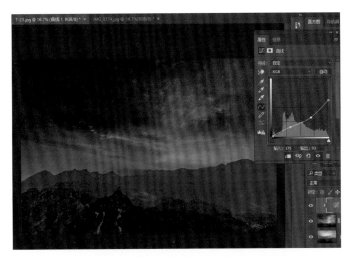

图6-89

图6-90

**步骤 ⑫** 此时照片中有一些颜色过于浓郁，如天空的红色饱和度过高，这时可以切换到"红"通
道，适当地降低曲线的红色成分，让天空的红色稍微降低一些，如图6-91所示。

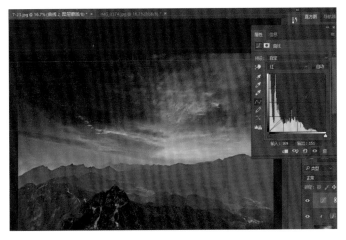

图6-91

**步骤 13** 创建一个"自然饱和度"调整图层，稍微降低"自然饱和度"与"饱和度"值，让全图的色彩浓郁度降下来，如图6-92所示。

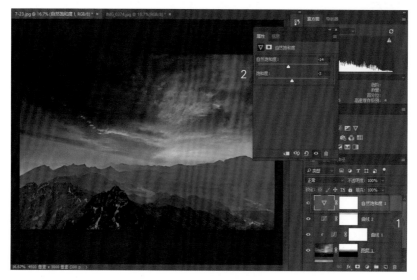

图6-92

**步骤 14** 此时照片的影调比较柔和、不通透，可以创建一个"渐变映射"调整图层，并将图层的混合模式设置为"明度"，这样照片就会变得比较通透，如图6-93所示。

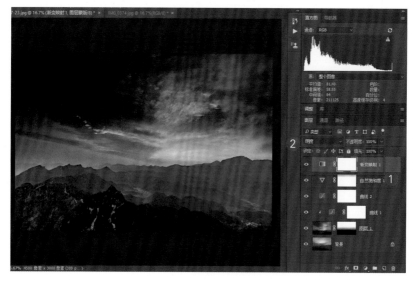

图6-93

　　至此照片的合成就完成了，可以看到整体还是比较理想的。最后拼合图层，将照片保存即可。

## 6.6 夜景风光后期：HDR完美光影

　　针对逆光拍摄的高反差场景，如果不使用渐变滤镜，那么可以采用包围曝光的方式一次性拍摄3张照片，如图6-94所示，这3张照片分别对应的是曝光过度、标准曝光及曝光不足。

图6-94

　　在软件中对这3张照片进行HDR合成，可以得到各区域曝光都比较理想的画面，如图6-95所示。

图6-95

具体操作步骤如下。

**步骤①** 在Photoshop的菜单栏中选择"文件"→"自动"→"合并到HDR Pro"命令，打开"合并到HDR Pro"对话框，单击"浏览"按钮，将包围曝光的3张照片载入，最后单击"确定"按钮，如图6-96所示。

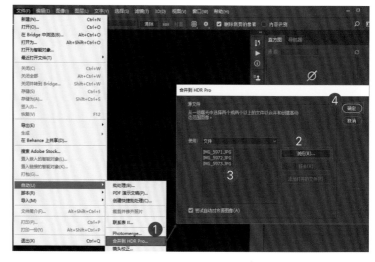

图6-96

**步骤②** 软件会将照片载入HDR合成界面，工作区中显示的是HDR合成的画面。在Photoshop中进行HDR合成的效果往往不够理想，需要对合成后的参数进行一定的微调。本例中适当提高了"细节"值，让画面中的一些细节更加丰富完整；适当提高"饱和度"值，让画面色彩感更强，然后单击"确定"按钮完成操作，如图6-97所示。需要说明的是，如果没有很好的把握，在对话框中不要轻易调整"色调和细节"选项组中的"灰度系数"，以及"边缘光"选项组中的"强度"等参数。

图6-97

**步骤③** HDR合成之后，返回Photoshop主界面即可看到合成后的效果。在工具栏中选择"裁剪工具"，然后在选项栏中选择"拉直工具"，对照片进行水平的调整，此时的照片如图6-98所示。

图6-98

**步骤④** 创建一个"曲线"调整图层，对照片的白平衡进行校准，然后适当压暗照片中的暗部，恢复亮部，让照片的反差变得比较理想，如图6-99所示。

图6-99

最后适当提高照片整体的饱和度，将照片保存即可。

## 6.7 堆栈全景深

借助Photoshop强大的功能，在后期处理中可以实现很多摄影器材无法拍摄出的画面效果。例如，在当前这个场景中，既要让距离镜头极近的向日葵花朵非常清晰，又要让极远处的天文望远镜非常清晰，那即使使用超广角镜头也无法满足这一要求。

更为不利的是，因为是逆光拍摄，所以在这种高反差场景中要得到理想的曝光，还需要进行HDR合成。因此，下面介绍的这个案例会涉及两个阶段：第一个阶段，先对前景花朵对焦进行HDR合成，再对天文望远镜对焦，拍摄3张包围曝光的照片进行HDR合成；第二个阶段，利用堆栈功能对两张对焦点不同的照片进行合成，得到一张全景深的照片，即近景的向日葵与远景的天文望远镜都有非常清晰的画质。图6-100~图6-102所示为先对天文望远镜对焦，再进行包围曝光的3张照片。

图6-100

图6-101

图6-102

图6-103所示为对这3张照片进行HDR合成之后得到的理想曝光画面。

图6-103

图6-104~图6-106所示为对近景的向日葵对焦并进行包围曝光，最终得到的3张照片的效果。

图6-104                            图6-105                            图6-106

图6-107所示为对这3张照片进行HDR合成之后的画面效果。

图6-107

图6-108所示为对两张对焦位置不同的照片进行全景深叠加之后得到的画面效果，可以看到由极近处到极远处的景物都非常清晰，并且画面各个部分的曝光都比较标准。

图6-108

具体操作步骤如下。

**步骤1** 在Photoshop的菜单栏中选择"文件"→"脚本"→"将文件载入堆栈"命令，如图6-109所示。打开"载入图层"对话框，单击"浏览"按钮，如图6-110所示。

图6-109

图6-110

**步骤②** 在"打开"对话框中同时选中对焦点不同并进行过HDR合成的两张照片，然后单击"确定"按钮，如图6-111所示。这样就可以将这两张照片载入"载入图层"对话框中，然后单击"确定"按钮，如图6-112所示。

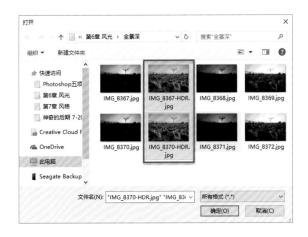

图6-111                    图6-112

**步骤③** 这样对焦点不同的两张照片在"图层"面板中都可以看到。选中这两个图层，然后在菜单栏中选择"编辑"→"自动对齐图层"命令，如图6-113所示。

图6-113

**步骤4** 打开"自动对齐图层"对话框，因为要进行全景深合成，所以要将照片对齐。在对话框中选中默认的"自动"单选按钮，然后单击"确定"按钮，如图6-114所示。

**步骤5** 经过对齐操作之后，这两个图层就叠加在了一起，并且针对主要的景物进行了对齐，而在边缘部分可能有一些无法对齐的空白像素，如图6-115所示。

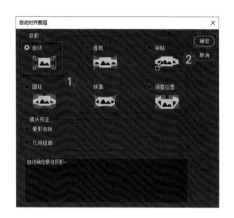

图6-114　　　　　　　　　　　　　　　　图6-115

**步骤6** 保持两个图层处于选中状态，在菜单栏中选择"编辑"→"自动混合图层"命令，如图6-116所示。打开"自动混合图层"对话框，选中"堆叠图像"单选按钮，然后选中底部的"无缝色调和颜色"和"内容识别填充透明区域"复选框，后一个复选框的功能在于将堆叠图层时边缘无法对齐的空白像素填充起来，最后单击"确定"按钮，如图6-117所示。

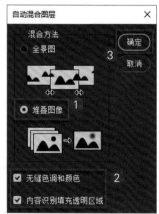

图6-116　　　　　　　　　　　　　　　　图6-117

**步骤 7** 软件经过运算之后就得到了全景深的合成效果，可以看到边缘空白的像素区域也被填充了。而在"图层"面板中可以看到，软件利用蒙版擦掉了虚化模糊的区域，只保留了非常清晰的区域，而最上层的图层则是合并后的效果，如图6–118所示。

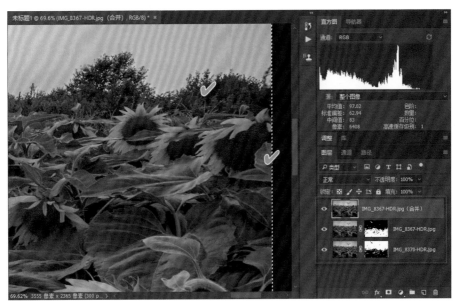

图6-118

**步骤 8** 放大照片观察各个局部，看有没有叠加不合理的位置。放大天文望远镜的中间部位，可以看到有一片区域被虚化了，如图6–119所示。

图6-119

**步骤⑨** 隐藏上方的两个图层，可以看到最下方的图层因为蒙版设定不合理，将清晰的像素位置也遮盖了，如图6-120所示。

图6-120

**步骤⑩** 这时在工具栏中选择"画笔工具"，将前景色设置为白色，在被遮盖像素的位置进行涂抹，将这个位置恢复，如图6-121所示。

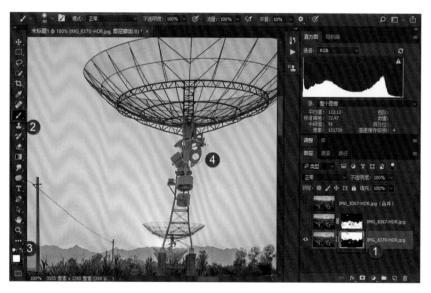

图6-121

**步骤⑪** 接着显示出第二个图层，选中该图层的蒙版缩览图，可以看到该图层同样将天文望远镜的中间部分进行了遮盖。这时在工具栏中选择"画笔工具"，将前景色设置为黑色，将中间图层的这一部分涂抹掉，如图6-122所示。

**步骤⑫** 最后显示出最上方的图层，选择"橡皮擦工具"，将被虚化的天文望远镜的中间部分擦掉，此时该区域就显示出了清晰的像素，如图6-123所示。

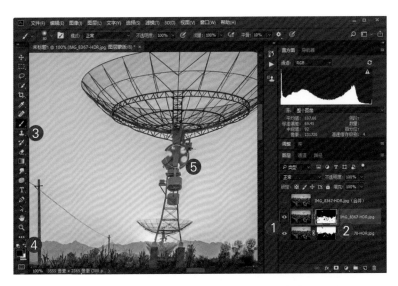

图6-122

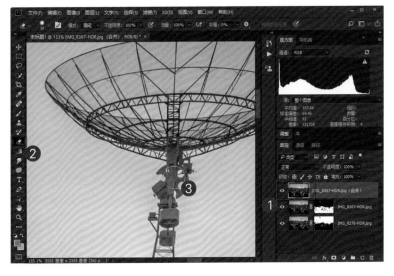

图6-123

最后拼合图层,将照片保存即可。这样就得到了一张从近景到远景都非常清晰,并且各部分曝光都非常合理的照片。

## 6.8 堆栈弱光降噪

在当前比较流行的摄影后期中,堆栈是非常热门的技术,它的功能非常强大,可以得到类似于慢门的效果。此外,利用堆栈还可以实现一些非常神奇的效果,如进行照片的降噪。如图6-124所示的原始照片,是一张高感光度下长时间曝光得到的微光照片。

图6-124

放大之后可以看到，照片中的噪点是非常严重的，如图6-125所示。

经过堆栈降噪，可以看到噪点被很好地消除了，画质变得比较细腻，如图6-126所示。

图6-125

图6-126

具体操作步骤如下。

**步骤❶** 在Photoshop的菜单栏中选择"文件"→"脚本"→"将文件载入堆栈"命令，如图6-127
所示。打开"载入图层"对话框，单击"浏览"按钮，如图6-128所示。

图6-127 图6-128

**步骤❷** 在"打开"对话框中选择同一视角的多张弱光照片，单击"确定"按钮，如图6-129所
示。这时在"载入图层"对话框中，照片被载入，然后选中底部的"尝试自动对齐源图
像"复选框，单击"确定"按钮，如图6-130所示。

图6-129 图6-130

**步骤❸** 这样所有的照片都会被叠加起来，并以不同的图层存储。对齐之后，可以明显地看到边缘
是有一些错位的，如图6-131所示。

**步骤❹** 选中所有图层，在菜单栏中选择"图层"→"智能对象"→"转换为智能对象"命令，如
图6-132所示。这样就将所有的图层拼合起来，并转换为一个智能对象，在"图层"面板
中图层缩览图的右下角可以看到智能对象的标记，如图6-133所示。

图6-131

图6-132

图6-133

**步骤⑤** 在菜单栏中选择"图层"→"智能对象"→"堆栈模式"→"平均值"命令,如图6-134所示。

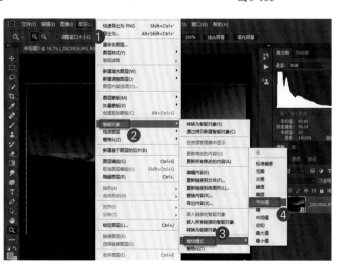

图6-134

**步骤 6** 经过一段时间的运算之后,画面就以平均值的方式堆栈起来。在工具栏中选择"裁剪工具",锁定照片的原始比例,然后进行裁剪,裁掉边缘不齐的部分,保留区域即想要的部分。最后在保留区域双击,即可完成裁剪,这样照片的堆栈降噪就完成了,如图6-135所示。

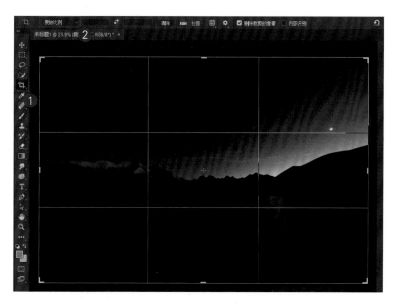

图6-135

这是一种典型的堆栈过程。许多初学者可能不明白为什么平均值能够降噪,其实很简单,在使用高感光度拍摄时,噪点的产生是随机的,针对同一视角以同样的参数拍摄多张照片,某一个像素点的位置有时候有噪点,有时候没有,那么就可以取它们的亮度平均值。如果照片比较多,最终取平均值之后得到的亮度就接近于没有噪点时的亮度,相当于将噪点进行了多次取平均数,这样就可以将噪点的影响降到最低。

## 6.9 利用堆栈制作星轨

在介绍过利用堆栈进行降噪之后,其实就已经介绍完了所有的堆栈技巧,只是堆栈的方式有所差别而已。与利用平均值进行堆栈降噪不同,如果将堆栈的方式设定为最大值,那么在堆栈时,软件就会提取所有图层中最亮的像素,最终叠加在一个画面中。如果针对同一场景连续拍摄非常多的照片,经过长时间之后,星星的位置发生了移动,那么较亮的星星轨迹就会被提取出来,最终得到星轨的效果。利用这种最大值堆栈,还可以拍摄一些慢门的车流等。

下面介绍利用最大值堆栈星轨的技巧。图6-136所示为大量的静态星空素材。

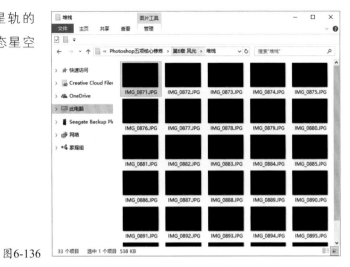

图6-136

堆栈之后的画面效果如图6-137所示。

图6-137

具体操作步骤如下。

**步骤①** 将素材载入并转换为智能对象的操作前面介绍过，这里就不再赘述了。需要注意的是，在载入所有素材时，不要选中"对齐图层"复选框。图6-138所示为载入的智能对象图层。

**步骤②** 在菜单栏中选择"图层"→"智能对象"→"堆栈模式"→"最大值"命令，如图6-139所示。

图6-138

图6-139

**步骤③** 经过一段时间的等待之后，软件就会将所有图层中某一个像素点在上下多个图层中最亮的像素提取出来，最终合成在一个画面中。可以看到，星星作为最亮的点都被提取了出来，呈现出一条流动的轨迹，至于城墙区域，因为每一个像素点都是最亮的，所以也呈现出比较亮的状态。从这个角度来看，最大值堆栈得到的画面效果往往比单独的照片要明亮一些。这样堆栈完成之后，右击图层的空白处，在弹出的快捷菜单中选择"拼合图层"命令，将图层合并，然后将照片保存即可，这样就完成了堆栈星轨的制作，如图6-140所示。

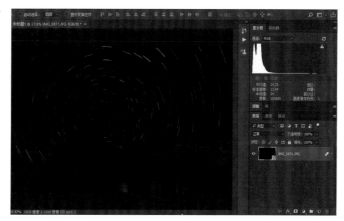

图6-140

第 **7** 章

纪实后期

纪实摄影后期比较简单，当然这种简单是相对的，主要是纪实摄影后期涉及的技术并不多，主要包括降低饱和度、突出故事情节及强化画面质感等。本章将介绍纪实摄影后期的一般思路及具体的处理过程。

## 7.1 纪实后期的几个要点

在介绍具体的后期技术之前，这里先介绍纪实后期的几种修片思路。

### 1. 突出故事情节

对于纪实后期作品，应该想尽一切办法突出画面的故事情节。例如，压暗四周景物，以突出主体人物或画面的故事情节；降低其他景物的饱和度，以突出主体人物；单独提亮并强化主体人物及故事情节，如图7-1所示。

图7-1

### 2. 低饱和度

纪实摄影作品往往都有相对较低的饱和度，因为要避免场景中一些杂乱的景物颜色削弱主体和事件的表现力。有时甚至会直接将画面处理为黑白照片，这更有助于表现画面冲突，如图7-2所示。

图7-2

## 3. 后期技术与内容要协调

　　在软件中对纪实照片进行后期处理时，后期的痕迹一般不要太重，并且不要涉及照片合成的要素。此外还要注意一点，后期技术的手法要与所表现的主题相契合。例如，图7-3所示为吐鲁番地区招待客人的场景，画面采用了非常简单的后期手法进行修饰，保留了原有的光影及色彩，这样就将具有民族特色的人物服饰、场景等都很好地表现出来。如果采用低饱和度（即黑白等手法）进行呈现，那么地域特色就无法很好地呈现，所以采用的后期技术要与画面的主题相协调。

图7-3

图7-4所示的这张照片采用低饱和度添加杂色的后期技术来强化画面，突出了画面的质感，让画面有一种怀旧复古的韵味，从而表现出一种钢铁工人风雨无阻的奋斗精神。

图7-4

## 7.2 低饱和度纪实人像

下面通过一个案例来介绍低饱和度纪实人像的后期处理思路。如图7-5所示，这张原始照片中的场景色彩感很强，土地及水面的色彩过于浓郁，干扰到了主体人物的表现力，并且整个场景由于受光线照射出现反光，因此画面亮度非常高。

经过后期处理之后，画面的饱和度降了下来。因为对场景中原有的影调进行了反转，压暗了四周，提亮了人物，所以画面中的人物变得非常突出，如图7-6所示。

图7-5　　　　　　　　　　　　　　　　　　　　　图7-6

具体操作步骤如下。

**步骤1** 在Photoshop中打开原始照片，如图7-7所示。

图7-7

**步骤2** 对画面的影调进行反转，就是将背光的人物面部提亮，同时将因为反光变得很亮的背景压暗，这通常可以使用"阴影/高光"命令来进行快速调整。在菜单栏中选择"图像"→"调整"→"阴影/高光"命令，打开"阴影/高光"对话框，如图7-8所示。

图7-8

**步骤 3** 提高"阴影"选项组中的"数量"值来提亮阴影。提亮阴影之后，照片中原有的阴影区域会失真，这时就需要使用"色调"及"半径"参数来进行协调，让画面阴影区域的影调过渡变得真实自然。"色调"是指色彩的宽度，它确定了色彩范围；而"半径"是指像素之间的物理距离，"半径"为"170像素"，代表所调整的像素周边170个像素都会被纳入调整范围。通过调整"色调"与"半径"，可以看到阴影部分，特别是人物面部被提亮，并且与周边的影调过渡比较自然了，如图7-9所示。

图7-9

**步骤 4** 接下来提高"高光"选项组中的"数量"值，它用于压暗周边场景中被光线反射的部分。压暗之后，也会出现与周边的区域影调及色彩过渡不自然的问题，这时同样需要改变"色调"与"半径"值，让原有的高光区域与周边区域的影调过渡变得自然起来，如图7-10所示。

图7-10

**步骤 5** 在"阴影/高光"对话框中，一旦改变某些参数，底部的"调整"选项组中的"颜色"值就会被自动提高。此时照片画面的饱和度太高了，因此先将"颜色"恢复为默认的"0"，这样画面的明暗影调就有了一个反转，并且整体上比较自然，然后单击"确定"按钮，如图7-11所示。

图7-11

**步骤 6** 此时的画面影调过渡比较自然，人物面部等区域变亮，背景中的反光区域被压暗，效果如图7-12所示。至于泥浆表面过于浓郁的色彩，后续会单独进行调整。

图7-12

**步骤 7** 创建一个"曲线"调整图层，将鼠标指针放在"曲线"面板上方的标题栏上，按住鼠标左键向右侧拖动，避免其干扰到观察画面，如图7-13所示。

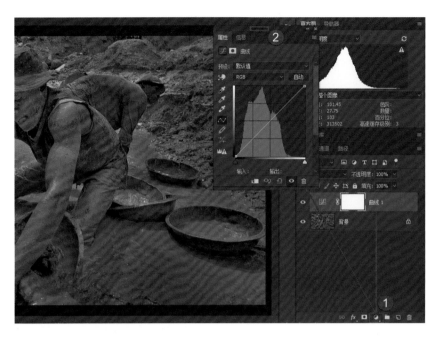

图7-13

**步骤 8** 因为要压暗画面四周以突出人物形象，所以先将照片整体的亮度压暗。操作时选中曲线右上角的锚点并向下拖动，然后在曲线中间单击制作一个锚点，稍微向下拖动一些，这样可以让影调的过渡保持自然状态。如果不制作中间的锚点，那么强行降低高光之后，画面会严重失真，如图7-14所示。

图7-14

**步骤 9** 照片整体压暗之后，需要将主体部分还原出原有的亮度，整个操作相当于提亮了主体部分。在还原人物部分时，可以使用"渐变工具"，也可以使用"画笔工具"。本例选择"画笔工具"，将前景色设置为黑色，适当地调整画笔直径的大小，因为这里主要用于涂抹人物露出的皮肤部分，所以画笔的直径要小一些，适当降低"不透明度"及"流量"值，然后将人物面部、胳膊等露出来的皮肤区域擦拭出来，基本还原出原有的亮度，如图7-15所示。

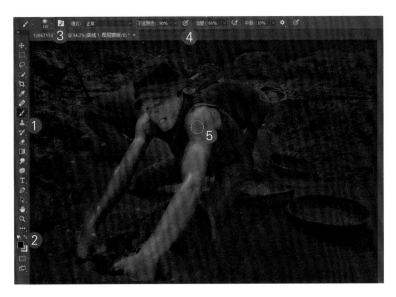

图7-15

**步骤 10** 人物部分包括衣物部分，这其实也是一部分重点。可以适当降低"不透明度"值，将人物的衣服部分擦拭出来，这样人物皮肤部分的还原程度高，亮度也高；而衣服部分的还原程度比较低。也就是说，皮肤部分最亮，衣服部分次之，周边的场景最暗，形成了一个非常平滑的过渡，如图7-16所示。

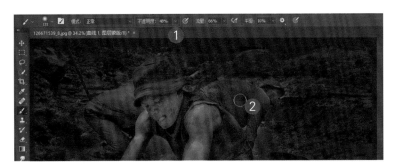

图7-16

**步骤 11** 此时在右侧的"图层"面板中，从曲线蒙版缩览图中可以看到擦拭的大致轮廓，如图7-17所示。

图7-17

**步骤 12** 擦拭时会不可避免地产生不准确的问题，如将一些周边的环境亮度也还原出来，在人物边缘形成亮边。这时可以选择"画笔工具"，将前景色设置为白色，缩小画笔直径，在边缘部分进行涂抹，将被擦出的边缘部分再次遮盖，如图7-18所示。

图7-18

**步骤 13** 在遮挡亮边时，要不断改变画笔的"不透明度"，确保出现的亮边都被很好地遮挡住了，如图7-19所示。

图7-19

**步骤 14** 对人物部分进行还原并修饰亮边之后，得到的画面效果如图7-20所示。可以看到，此时的整体效果是比较理想的，从人物皮肤到人物衣服，再到周边场景形成了一个由亮到暗的过渡。

图7-20

**步骤⑮** 观察画面可以看到，人物的皮肤部分有些还原过度，即这部分的亮度太高，与周边的反差非常大。这时可以保持前景色为白色，降低"不透明度"值，在人物的皮肤部分进行涂抹，即适当地遮挡人物的皮肤部分，让其变暗，如图7-21所示。

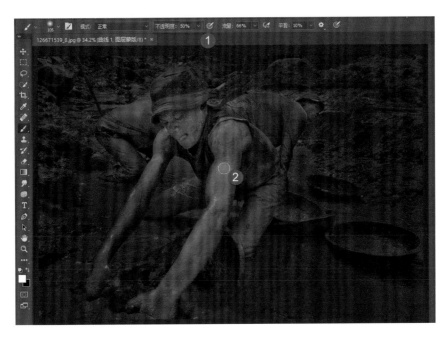

图7-21

**步骤⑯** 压暗人物的皮肤部分之后，可以看到从皮肤到背景的明暗变化状态，此时的画面效果变得更加协调，如图7-22所示。

**步骤⑰** 接下来解决画面中色彩过度浓郁的问题。首先创建一个"色相/饱和度"调整图层，在打开的"色相/饱和度"调整面板中，降低全图的"饱和度"，如图7-23所示。

图7-22

图7-23

**步骤18** 因为人物侧面有一片红色的衣物比较刺眼，可以在调整面板中切换到"红色"通道，降低红色的"饱和度"，将衣物的红色干扰降到最低，如图7-24所示。

图7-24

**步骤 19** 此时画面中的泥浆表面饱和度仍然太高，可以在面板中单击"添加到取样"按钮，在泥浆上单击，将泥浆部分也纳入降低红色饱和度的处理范围中。这时泥浆部分的色彩饱和度也被降了下来，如图7-25所示。

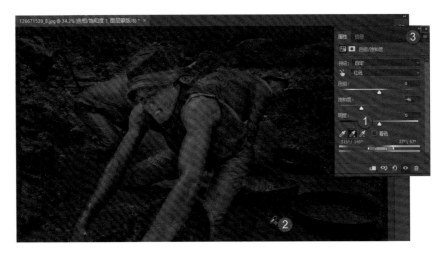

图7-25

**步骤 20** 改变画面的饱和度之后可以发现，画面整体上有一些杂乱，因为背景中有些位置阴影比较重，显得非常黑；但是另外一些位置又比较亮，这样黑白相间就会显得非常杂乱。因此，再创建一个"曲线"调整图层，在曲线上稍微向上拖动左下角的锚点，让场景中最黑的像素稍微变灰一些，这样暗部就变得比较柔和。对于最亮的高光部分，同样将右上角的锚点向下拖动一些，这相当于强行提亮了最黑的像素、压暗了最亮的像素，让画面的反差变小一些。这样可以降低画面的杂乱感，如图7-26所示。

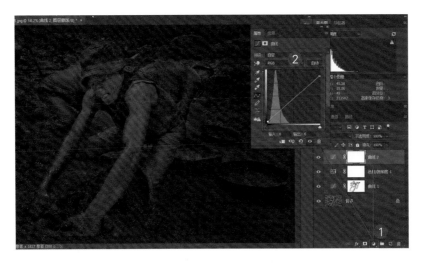

图7-26

**步骤 21** 当画面变得不再杂乱之后，整体给人的感觉是灰蒙蒙的，这时将曲线变为轻微的S形，增加中间调的对比度，让画面的影调层次更加丰富鲜明一些，如图7-27所示。

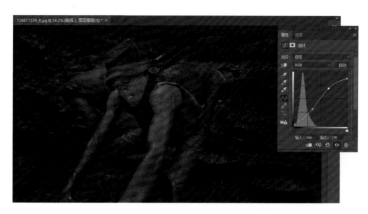

图7-27

**步骤22** 接下来再创建一个"色阶"调整图层,在"色阶"面板中,改变黑、白、灰3个滑块的
位置,将画面的影调继续进行优化,如图7-28所示。

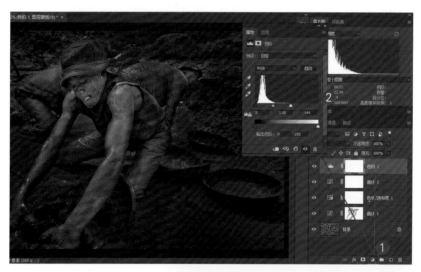

图7-28

**步骤23** 此时的画面效果相对来说已
经比较理想了,但是分析画
面可以看到,人物的胳膊及
面部区域的还原程度有些偏
高,亮度非常高,使其与周
边环境的反差太大,如图
7-29所示。

图7-29

步骤24 选中最初创建的曲线蒙版缩览图，然后选择"画笔工具"，将前景色设置为白色，并适当缩小画笔直径，继续降低"不透明度"，在人物胳膊及面部轻微涂抹，适当遮挡一下人物的皮肤部分，让这部分与周边的环境融合度更高，如图7-30所示。

图7-30

步骤25 观察Photoshop主界面右上角的"明度"直方图可以看到，这是一种低调的画面效果，如图7-31所示。如果感觉照片比较暗淡，那么可以再创建一个"曲线"调整图层，适当强化照片的对比度，如图7-32所示。

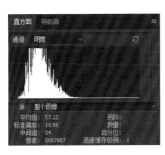

图7-31

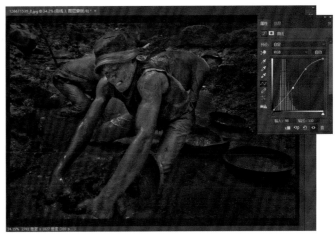

图7-32

步骤26 如果感觉人物侧面的红色衣物仍然过于刺眼，那么可以双击"图层"面板中的"色相/饱和度 1"图标，如图7-33所示。打开"色相/饱和度"调整面板，切换到"红色"通道，降低红色的"饱和度"，这样就降低了侧面的红色衣物的干扰力，如图7-34所示。

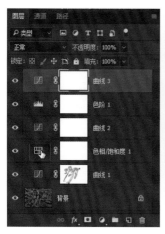

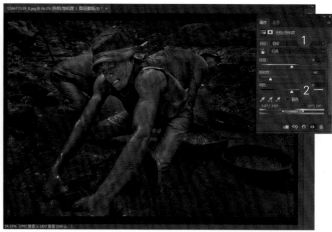

图7-33                                 图7-34

**步骤 27** 此时可以在图层中看到前面所进行的各项调整步骤。有时可能只需要创建一到两个调整图层就可以了，而有时就需要像本例这样多次创建不同的调整图层，对画面进行全方位的后期处理，最后拼合图层，再将照片保存即可，如图7-35所示。

图7-35

# 7.3 高调纪实人像

　　下面介绍一种高调纪实人像的制作技巧。所谓高调纪实人像，是指照片以从中性色到浅色的配色为主，并且场景中各种景物的亮度是非常高的，让人感觉到非常明亮、干净。通过本例的制作，读者将学会高调纪实人像的制作技巧，它与低调摄影作品的制作技巧正好相反。也就是说，只要学会了高调纪实人像的制作技巧，那么低调纪实人像的制作就不再是问题了。

　　从图7-36所示的原始照片中可以看到，画面是一种比较中性的色调。经过制作之后，画面整体变亮，但又没有明显的高光溢出，变得干净了很多，如图7-37所示。

图7-36

图7-37

具体操作步骤如下。

**步骤 1** 首先在Photoshop中打开要处理的原始照片，如图7-38所示。

图7-38

**步骤 2** 可以看到人物在画面中的比例明显过小，那么可以选择"裁剪工具"，对画面中无足轻重的要素进行裁剪，保留原有的重要因素之后，就相当于放大了主体人物，如图7-39所示。

图7-39

**步骤❸** 裁剪之后会发现照片有一些倾斜，可以将鼠标指针移动到保留区域，即裁剪边线的某一个角上，当鼠标指针变为可旋转的双箭头形状之后，按住鼠标左键旋转照片，让照片变得横平竖直，如图7-40所示。

图7-40

**步骤❹** 经过裁剪及水平校正之后，画面的结构变得紧凑了很多，主体变得更加突出了，如图7-41所示。

图7-41

**步骤❺** 接下来对照片的影调层次进行改变，制作高调效果。首先创建一个"曲线"调整图层，在"曲线"面板中将曲线左下角的锚点垂直向上拖动，强行提亮最黑的像素，让暗部变灰。然后在曲线中间制作一个锚点，稍微向上拖动，让影调过渡自然起来，此时的画面效果如图7-42所示。

图7-42

**步骤6** 因为想让人物之外的区域变亮、变灰，而人物的面部等区域依然保持最真实的状态，所以要对人物的面部等区域进行还原。选择"渐变工具"，将前景色设置为黑色，背景色设置为白色，设定从黑到透明的渐变，设置渐变方式为"径向渐变"，然后将"不透明度"降低到"90%"，在人物面部进行拖动，将人物的肤色还原出来，还原时拖动渐变的幅度要小一些，这样才能足够精确，如图7-43所示。

图7-43

**步骤7** 还原的对象并不是只有人物的面部，还有人物的胳膊及腿部，如图7-44所示。

**步骤8** 还原出人物露出肤色的部分之后，还要通过调整让人物向画面四周的影调层次过渡变得平滑起来。将"不透明度"降低到"40%"，从人物向四周拖动制作渐变，如图7-45所示。

图7-44

图7-45

**步骤 9** 制作渐变之后，可以发现从人物向画面边缘有了一个影调的过渡，因为人物肤色部分的还原程度是90％，而人物周边最紧密的部分是40％，所以二者之间有一个亮度差，如图7-46所示。

图7-46

**步骤⑩** 再次将"不透明度"降低到"20%"，然后由照片四周向内拖动，继续进行还原，如图7-47所示。

图7-47

**步骤⑪** 这相当于画面最边缘部分的还原程度是20%，而画面中间除人物之外的部分还原程度是40%，而人物部分的还原程度是"90%"，这样就由内向外形成了一个明暗的平滑过渡。此时"图层"面板中的蒙版缩览图如图7-48所示。

图7-48

**步骤⑫** 由于制作的渐变不够均匀，画面的影调看起来不够自然，因此双击蒙版缩览图，打开蒙版"属性"调整面板，提高"羽化"值，这样就可以让调整的效果变得更加均匀、自然，如图7-49所示。

图7-49

步骤13 对于高调的纪实人像作品来说，当前照片的饱和度还是太高了，可以创建一个"色相/饱和度"调整图层，降低全图的"饱和度"，如图7-50所示。

图7-50

步骤14 而对于画面中一些比较杂乱的色彩，要逐一进行调整。例如，右侧孩子短裤的红色是有些重的，可以切换到"红色"通道，降低红色的"饱和度"，适当提高"明度"，此时可以看到短裤部分与其他区域的色彩变得协调了，如图7-51所示。

图7-51

步骤 ⑮ 再切换到"蓝色"通道,降低蓝色的"饱和度",提高"明度",让左侧孩子衣物的影调与周边协调起来。如果无法准确选择到衣物的颜色,可以在下方单击"添加到取样"按钮,在衣物部分单击进行定位,这样就可以选择想要的颜色并进行调整,如图7-52所示。

图7-52

步骤 ⑯ 经过调整之后可以发现,人物的面部有些朦胧,说明还原不够。这时可以选择"画笔工具",将前景色设置为黑色,适当降低"不透明度"及"流量"值,在皮肤部分进行涂抹,再次对其进行还原,如图7-53所示。

图7-53

**步骤 17** 此时人物周边部分有些还原过度，如两个人物中间部分的还原程度过高，就会显得比较暗，且与周边影调层次的过渡不够真实自然。可以选中之前进行曲线调整的蒙版缩览图，选择"画笔工具"，将前景色设置为白色，调整画笔直径、"不透明度"值及"流量"值，在两个人物中间的部分进行涂抹，对其进行遮盖，避免过度还原，如图7-54所示。

图7-54

**步骤 18** 经过多次调整及还原之后，画面的影调及色彩都比较协调了，但是画面整体上还是过于靠近中间调，不够明亮、高调。可以再次创建一个"曲线"调整图层，分别在暗部及亮部创建锚点并向上拖动，整体上提亮画面，如图7-55所示。

图7-55

**步骤⑲** 创建一个"色阶"调整图层，向右拖动黑色滑块，适当地裁掉左侧空白处没有像素的区域，让画面的色阶更加丰富一些，如图7-56所示。

图7-56

**步骤⑳** 在右上方的"明度"直方图中随时观察画面的直方图变化状态，一般没有必要将这种高调纪实作品的暗部调整到最黑，最暗的像素在20以下即可，如图7-57所示。

图7-57

**步骤㉑** 经过多次调整，"图层"面板中的图层分布如图7-58所示，右上角的"明度"直方图如图7-59所示。这样照片的整个调整就完成了，然后拼合图像，再保存照片即可。

图7-58

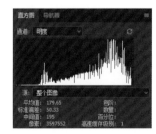

图7-59

## 7.4 黑白与单色

黑白与单色是呈现纪实画面非常好的思路，因为无论是以黑白还是单色的方式呈现，都会削弱画面中色彩的干扰，让主体对象或故事情节变得更加突出，画面表现力更强。下面介绍黑白与单色纪实作品的制作思路与方法。

### 7.4.1　黑白纪实人像的制作技巧

从图7-60所示的照片中可以看到，人物的鞋子、裤子、上衣、帽子及狗的各个部分色彩各不相同，组合在一起就显得画面色彩非常杂乱、喧闹，这与画面中人物及狗安之若素的形态不相符，使画面看起来不够协调，即用喧闹的色彩来修饰安之若素的人物，这是不合理的。

进行黑白调整之后，削弱了色彩的干扰，画面情节变得比较突出，视觉效果也变得比较理想，如图7-61所示。

图7-60　　　　　　　　　　　　　　　　　　图7-61

具体操作步骤如下。

**步骤①** 在Photoshop中打开原始照片，如图7-62所示。

图7-62

**步骤②** 对画面中一些比较杂乱的干扰元素进行简单修饰。在工具栏中选择"套索工具"，将照片左侧的干扰物选中出来，如图7-63所示。

图7-63

步骤 3 在选区内右击，在弹出的快捷菜单中选择"填充"命令，在"填充"对话框中设定"内容"为"内容识别"，然后单击"确定"按钮，如图7-64所示。

图7-64

步骤 4 这样就将左侧的干扰物去掉了，然后按【Ctrl+D】组合键取消选区。接着创建一个"曲线"调整图层，对画面的影调进行适当的修饰。因为照片中人物背后的墙体部分亮度不够，显得有些发灰，所以要将其提亮，适当恢复中间调的暗部，对照片的整体影调进行一定的优化，如图7-65所示。

步骤 5 因为照片中狗的背部黑色比较沉重，可以将曲线左下角的锚点稍微向上拖动，将黑色提亮一点。强行变灰之后，狗背部的黑色会变得稍微亮一点，这样会让这部分变得轻盈起来，如图7-66所示。

图7-65

图7-66

**步骤6** 接下来创建一个"黑白"调整图层，打开"黑白"调整面板，如图7-67所示。对于黑白的调整，正确的方式并不是直接去色或是将饱和度降到最低，而是应该对不同的色彩通道的明度进行调整，改变黑白的影调分布。在打开的"黑白"调整面板中可以看到不同的色彩通道，对应的即是彩色状态的原有色彩。

图7-67

**步骤7** 在包含人物的画面中，由于人物的面部往往有红色、黄色及橙色成分，因此在转换为黑白时，通常要提亮人物的面部及肤色。这时只需适当提高红色及黄色的明度，人物面部的肤色就会变亮。而对于其他色彩先不加考虑地全部压暗，此时的调整参数及画面效果如图7-68所示。

图7-68

**步骤8** 经过调整，人物面部及肤色的亮度都比较合理了。但由于将其他色彩的亮度压得过低，人物的裤子等部分形成大片的死黑。这时可以在面板的左侧选择"抓手工具"，将鼠标指针移动到人物的裤子部分，按住鼠标左键向右拖动，即可将裤子的明亮度恢复出来，如图7-69所示。

图7-69

**步骤⑨** 通过对各部分分别进行明暗的调整，可以将人物的面部保持在一个比较明亮的状态。而对于其他部分，可通过提亮或压暗，让各个部分的明暗更加接近，这样画面就会显得更加干净、简洁，如图7-70所示。

图7-70

**步骤⑩** 调整好画面整体的明暗之后，会发现四周太亮了，使人物主体及其他的主体部分显得不够突出。如果继续提亮人物，会让人物部分过曝，这时可以考虑压暗四周。在工具栏中选择"套索工具"，将中间的人物及狗等部分选中出来，如图7-71所示。

图7-71

**步骤⑪** 因为要压暗的是四周部分，所以需要进行反选，在菜单栏中选择"选择"→"反选"命令，也可以直接按【Shift+Ctrl+I】组合键进行反选，这样就为照片四周的空白区域建立了选区，如图7-72所示。

**步骤⑫** 创建一个"曲线"调整图层，降低四周的亮度，如图7-73所示。

图7-72

图7-73

**步骤⑬** 降低亮度之后可以看到，没有降低亮度的部分边缘线条生硬、不够自然。这时双击"曲线"调整图层的蒙版缩览图，打开蒙版"属性"调整界面，提高"羽化"值，这样就可以让人物到四周的明暗过渡变得平滑起来，如图7-74所示。

图7-74

**步骤⑭** 观察发现之前的调整让中间比较亮的部分也暗下来了，说明此时的色阶分布可能不够合理，因此可以创建一个"色阶"调整图层。在打开的"色阶"面板中向左拖动白色滑块，裁掉右侧的空白像素区域，让画面的影调层次属于全色阶，如图7-75所示。

图7-75

**步骤⑮** 最后观察调整之后的画面效果，可以看到中间的主体部分变得非常突出，画面的影调层次也比较丰富，效果也比较理想了，如图7-76所示。

图7-76

### 7.4.2　单色纪实人像的制作技巧

在学习过黑白画面的制作技巧之后，学习单色的制作技巧也就不再困难了。所谓的单色是指将照片的色彩消除，并为照片中所有的景物渲染上一种单独的色彩，这种色彩往往具有某种特定的心理暗示。例如，红黄色可能会让人感受到一种怀旧的情感；青黄色可能会让人感受到一种复古的情怀；青蓝色可能会让人感受到一种魔幻大片的感觉。

图7-77所示的这张照片适合转为一种怀旧的或复古的色调风格，因为原始照片比较混乱，画面的重点部分（如人物的面部等）也不够明亮。

经过后期制作，为画面渲染上了一种青黄色的色调，画面中透露出一种复古的色彩情绪，而人物的面部在后期调整时也进行了提亮，如图7-78所示。

图7-77

图7-78

具体操作步骤如下。

**步骤 1**　首先在Photoshop中打开原始照片，如图7-79所示。

图7-79

**步骤②** 创建一个图7-80所示的"黑白"调整图层，此时画面变为黑白状态。

图7-80

**步骤③** 这时不要急于对画面的色彩通道进行调整，先选中"色调"复选框，这样软件就会给画面渲染上一种默认的颜色，如图7-81所示，这种颜色对应的是"色调"复选框后面色块的颜色。

图7-81

**步骤④** 其实这个颜色可以更改，单击"色调"复选框后面的色块，会弹出"拾色器（色调颜色）"对话框，在左侧的色板中有圆圈标识的就是当前渲染的色彩，如图7-82所示。

图7-82

步骤 5 要改变这种色彩，首先在右侧竖直的色条中拖动鼠标选择一个明显的色系，然后在左侧的色板中单击改变取色的位置，如图7-83所示。

图7-83

步骤 6 由于画面要渲染一种复古的色调，因此青黄色是一种比较好的选择。经过选择之后，设定了一种青黄的色调风格，如图7-84所示，然后单击"确定"按钮完成操作。

图7-84

步骤 7 回到"黑白"调整面板中，继续对画面中不同的色彩通道进行调整。提高"红色"，让人物面部变亮；适当提高"黄色"，然后压暗其他的色彩。当然，要根据具体的情况进行调整，不要让画面中产生过于浓重的黑色。经过调整之后，人物面部及画面色彩的感觉就出来了，如图7-85所示。

图7-85

步骤 8 可以看到画面左上角高光过曝了，出现了彻底的溢出，这是不允许的，此时就要对左侧的高光部分进行补救。按【Ctrl+Shift+Alt+E】组合键盖印图层，如图7-86所示。然后在"图层"面板底部单击"创建新图层"按钮，创建一个空白的图层，如图7-87所示。

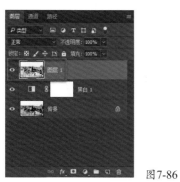

图7-86

图7-87

步骤 9 在工具栏中选择"吸管工具"，在照片天空右侧没有过曝的位置单击取色，将前景色设置为天空的色彩，如图7-88所示。

步骤 10 接下来在工具栏中选择"画笔工具"，设定合适的画笔直径大小，在左上角过曝的天空区域进行涂抹，就将过曝的部分涂上了前景的颜色，也就是右侧天空的颜色，如图7-89所示。

图7-88

图7-89

**步骤⑪** 因为这里的涂抹并不是特别准确，会将地面的一些树木也包括进来，这时就要选择"橡皮擦工具"，适当缩小画笔直径的大小，将被涂抹掉的树木还原回来，如图7-90所示。

图7-90

步骤 **12** 此时的画面效果比较理想了，在"图层"面板中可以看到图层的分布状态，如图7-91所示。照片处理完成之后，拼合图像，再将照片保存即可。

图7-91

针对不同的照片，读者也可以尝试其他的色调风格，如魔幻、清新等，本例中只是制作了一种复古的色调效果。

## 7.5 扫街组图

我们在外出旅行时，会经常拍摄一些旅行地见闻的纪实照片，这些照片从构图或内容方面可能不是特别讲究，但是却有比较强的纪念意义，因此可以用组图的方式呈现该地区的多种风貌。但是图7-92~图7-95所示的画面色彩非常杂乱，不适合以组图的方式呈现，最好有统一的画面色调及影调风格，这样一组图的呈现效果会比较理想，视觉冲击力也比较强。

图7-92

图7-93

图7-94

图7-95

经过统一处理之后可以看到，4张照片有了统一的色调及影调风格，画面看起来非常协调一致，如图7-96~图7-99所示。

| 图7-96 | 图7-97 | 图7-98 | 图7-99 |

之前介绍过，可以使用Photoshop自带的功能进行照片的批处理，但是对于色调及影调的批处理，不建议使用这种方式，因为它可能会让一些照片发生严重的色偏等问题。对于组图的批处理，在Photoshop中使用ACR工具会有更好的效果。

具体操作步骤如下。

**步骤 1** 因为拍摄的组图是多张JPEG格式，要同时在ACR中打开多张JPEG格式照片需要提前进行设定，在菜单栏中选择"编辑"→"首选项"→"Camera Raw"命令，打开"Camera Raw首选项"对话框，如图7-100所示。在对话框底部的"JPEG和TIFF处理"选项组中设置JPEG为"自动打开所有受支持的JPEG"，然后单击"确定"按钮，如图7-101所示。设定之后将JPEG照片拖入Photoshop中，就会自动载入ACR了。

| 图7-100 | 图7-101 |

**步骤 2** 同时选中多张要进行批处理的扫街组图拖入Photoshop中，此时这些JPEG格式的照片会同时载入ACR中。在左侧的胶片窗格中可以看到，软件同时打开了这4张扫街的组图，如图7-102所示。

图7-102

**步骤 3** 在左侧的胶片窗格中右击，在弹出的快捷菜单中选择"全选"选项，将胶片窗格中的照片同时选中，如图7-103所示。然后在右侧的"基本"面板中对照片整体的影调进行统一的调整，同时降低"高光"，避免有些照片中出现高光溢出的问题，提亮"阴影"，避免阴影过于沉重，适当降低"白色"。

图7-103

**步骤 4** 对于整组照片来说，调整过影调分布之后，要渲染一种统一的色彩风格。这里仍然渲染为一种复古的色调，复古色调为偏黄绿的风格。通过提高"色温"值，降低"色调"值，可以看到画面被渲染了青黄色，如图7-104所示。

图7-104

**步骤 5** 渲染色彩之后，画面的饱和度明显过高，色彩有些失真，这时可以大幅度降低"饱和度"值，即降低全图的色彩浓郁度，再适当地降低"自然饱和度"值，消除照片中一些饱和度过高的单个景物。经过色彩调整之后，可以看到照片的色彩及影调达到了预期效果，如图7-105所示。

图7-105

**步骤 6** 因为每一张照片具有不同的色彩及影调分布，所以在确定了整体组图的影调及色调风格之后，还要分别选中每一张照片查看这张照片经过统一调整之后，是否出现了严重的色调及影调问题。对每一张照片进行微调，让照片不会出现严重的失真，如图7-106所示。

**步骤 7** 调整完毕之后，再次选中所有打开的照片，单击底部的"存储图像"按钮，如图7-107所示。

图7-106

图7-107

**步骤⑧** 打开"存储选项"对话框,选择照片保存的位置,设定"色彩空间"为sRGB。图像大小选择"长边"选项,这样只要设定长边的像素,短边就会自动根据照片原有的比例进行设定。最后单击"存储"按钮,就可以将所有的照片保存起来,从而完成组图的批处理操作,使其有一种统一的风格,如图7-108所示。

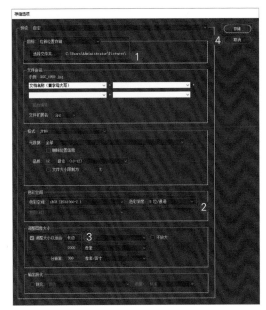

图7-108

第 **8** 章

# 花卉后期

静物摄影类题材以花卉类居多，花卉摄影的后期大多数调整集中在3个方面：对照片进行二次构图，以实现突出主体对象的目的；对背景进行修饰，让画面整体干净，主体突出；对画面进行调色，打造个性化的影调与色彩风格。

## 8.1 花卉题材的二次构图

### 8.1.1 画幅形式的差别

当前比较主流的照片长宽比有3:2、4:3、1:1、16:9及3:1等，不同的长宽比适合表现的照片题材，以及给人的视觉和心理感受都是不同的。

从摄影发展来说，1:1是比较早的一种画幅形式，主要来源于大画幅相机6:6的比例。后来随着3:2及4:3的比例兴起，1:1这种比例形式逐渐变少。但对于一些习惯于使用大中画幅拍摄的用户来说，1:1仍然是他们的最爱。当前许多摄影爱好者为了追求一种复古的效果，也经常会尝试1:1的画幅比例形式。

花卉题材的摄影就适合采用1:1的画幅比例来呈现。即便拍摄时采用了其他比例，后期也适合裁剪为1:1的比例，这样会让画面显得非常紧凑，如图8-1和图8-2所示。

图8-1 　　　　　　　　　　　　　　　　　图8-2

其实，1:1这种画幅比例远比3:2的比例来得历史悠久，但后一种在近年来却几乎"一统江湖"，这说明这种画幅比例具有一些明显的优点。

3:2的比例起源于35mm的电影胶卷，当时徕卡镜头的成像圈直径是44mm，在中间画一个矩形，长约36mm，宽约24mm，即长宽比为3:2。由于徕卡在业内一家独大，几乎就是相机的代名词，因此这种画幅比例自然就更容易被业内人士所接受。

在图8-3中，绿色圆为成像圈，中间的矩形长宽比为36:24，即3:2。

虽然3:2的比例并不是徕卡有意为之，但这个比例更接近于黄金比例却是不争的事实，这个美丽的误会也成为3:2能够大行其道的另一个主要原因。

图8-4所示的金色螺线的绘制，其实也是绘制黄金比例的过程。这种长宽比更接近于当前照片主流的3:2的比例。

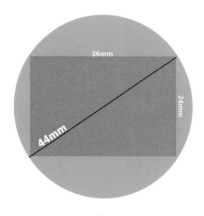 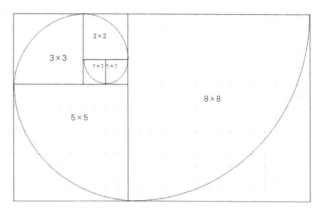

图8-3　　　　　　　　　　　　　　　　　图8-4

即便是在照片内部，3:2的长宽比也可通过各种划分（如黄金分割、三等分等）来安排主体的位置。这样既可以让主体变得醒目，又符合天然的审美规律，如图8-5所示。

4:3也是一种历史悠久的画幅比例形式。早在20世纪50年代，美国就曾经将这种比例作为电视画面的标准。这种画幅比例能够以更经济的尺寸展现更多的内容，因为相比3:2及16:9的比例来说，这种比例更接近于圆形，如图8-6所示。

 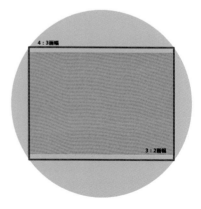

图8-5　　　　　　　　　　　　　　　　　图8-6

  4:3的比例具有悠久的历史，时至今日，奥林巴斯等相机厂商仍然在生产4:3的相机，并且这种比例仍然拥有一定数量的拥趸。毕竟曾经作为电视画面的标准比例数十年，所以用户在看到4:3的比例时，能够欣然接受，而不会感到特别奇怪。

  其实，4:3的画面比例在塑造单独的被摄体形象时具有一些天然的优势。类似于方形构图，它可以裁掉左右两侧过大的空白区域，让画面显得紧凑，让主体显得更近、更突出，如图8-7所示。

图8-7

  我们可以认为16:9的比例代表的是宽屏系列，因为还有比例更大的3:1等。16:9比例的宽屏起源于20世纪，影院的老板发现宽屏更能节省资源、控制成本，并且适合人眼的观影习惯。人眼属于左右分布的结构，在视物时习惯于从左向右，而非优先上下观察（如图8-8所示），所以一些显示设备比较适合作为宽幅的形式。

图8-8

到了21世纪，计算机显示器、手机显示屏等硬件生产商发现16:9的宽屏比例更适合于投影播放，并可以与全高清的1920像素×1080像素的分辨率相适应。因此开始大力推进16:9的屏幕比例，图8-9所示为16:9比例的照片。近年来，手机与计算机屏幕几乎都是16:9的比例，很少再看到新推出的4:3比例的显示设备。

图8-9

## 8.1.2　构图点

点是构图中最基本也是最重要的构图元素，点的大小、数量及排列会使摄影作品产生不同的视觉效果，给欣赏者不同的心理感受。下面介绍单点、两点及多点在构图中的使用技巧。

### 1. 单点重在主体位置

单点在构图中最重要的两个应用是它的位置及大小比例。如图8-10所示，这张照片最重要的便是荷花花朵位置的安排。通常来说，点的位置安排关乎照片的成败。前面介绍过黄金构图点，最简单的技巧就是可以将构图中的点（即主体）放在黄金构图点上，也可以放在九宫格的黄金分割点上，还可以放在三分线上。这都是很好的选择。当然，还有一些其他的位置，应该根据场景的不同及主体点自身的特点来进行安排。

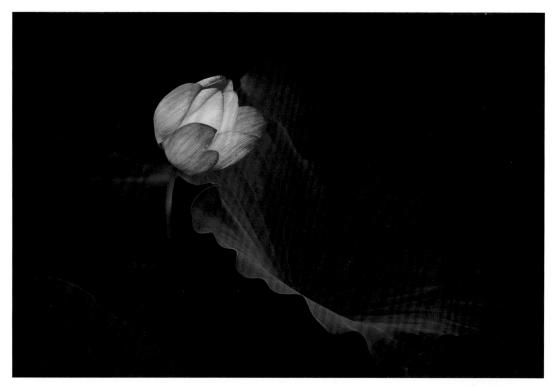

图8-10

有关照片中点的位置安排，除了之前介绍的九宫格的交叉点、三分法的交叉点、金色螺线及黄金构图点之外，这里还总结了一些其他合适的构图位置。在画面中画两条对角线，将每条对角线六等分，每个等分点也是理想的构图点，如图8-11所示。在安排点的位置时，如果没有太理想的角度，那么可以将构图点安排在这些位置。

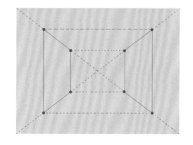

图8-11

## 2. 两点要注意呼应

如果想要表现场景中的某两个点，那么应该注意两点之间的呼应和衬托，增强画面的可读性和故事性。

图8-12所示的照片中突出的点其实有两个，一个是近处清晰的花朵，一个是远处虚化的花朵，这两个点相互照应，让非常简单的画面变得耐看、有故事性。也就是说，在构图时，如果画面中有两个点，那么应该让这两个点产生联系。这种联系可以是相对的，也可以是相互衬托的，这种相互联系和呼应可以让照片更加耐看。

### 3. 多点之间建立关联

如果照片中出现多于两个点的情况，应该注意在多点之间建立一种或是远近对比，或是表达秩序，或是明暗对比的关联性，这样画面才会更加耐看。否则，无关联和无序的多个点散落在照片中，将会显得杂乱不堪，使画面不像一个整体，令人感觉难受。

在图8-13所示的画面中，前景中花朵的形态、色彩及种类等都相同，可以归为同一类，这便是联系。反之，如果作为主体的花朵种类及色彩繁多，那么画面就一定不会好看。

图8-12

图8-13

## 8.1.3 同一画面的5种构图方法

将图8-14所示的照片在ACR中打开，进行相应的处理之后，将照片载入Photoshop主界面。

图8-14

选择"裁剪工具",对照片进行二次构图,设置3:2的裁剪比例,这基本上能保持一般照片的原始比例,如图8-15所示。

在选项栏右侧单击"设置裁剪工具的叠加选项"图标,弹出其下拉列表,其中显示了"三等分""网格""对角""三角形""黄金比例"和"金色螺线"6种裁剪辅助线,如图8-16所示。

图8-15 图8-16

## 1. 三等分

消费级相机大多拍摄3:2比例的照片,因此大多的裁剪只要保持原始比例就可以了。然后在"设置裁剪工具的叠加选项"下拉菜单中选择"三等分"选项,这样拖动裁剪框时,照片中就会出现九宫格的构图辅助线,如图8-17所示。

图8-17

## 2. 对角线

对角线构图的形式，并未严格限定景物必须是沿对角线准确分布的。在图8-18所示的画面中，主体位于对角走向线条的交叉点上，虽然并不精确，但却符合裁剪参考线中对角线裁剪的思路。

图8-18

## 3. 三角形

与对角线裁剪构图类似，三角形裁剪构图也是对传统构图观念的一种颠覆。在传统印象中，人物采取抱膝的蹲姿，呈现出三角形的轮廓，才被称为三角形构图；或是一些类似于山峰等自身形状为三角形的照片，才被称为三角形构图。但三角形裁剪构图却不是这样，裁剪叠加线的构图方式如图8-19所示，主体位于图中垂足的位置，这也是三角形构图的一种方式。

图8-19

## 4. 黄金比例

所谓黄金比例，是一种视觉效果的美学比例，与三等分（九宫格构图）类似，其实九宫格构图法就是简化的黄金比例构图法。图8-20中的4个交叉点就是黄金比例点，即图片的焦点和视觉中心，将主体景物安排在这些交叉点或分界线上即可，非常简单。

图8-20

## 5. 金色螺线

1，1，2，3，5，8，13，……这组数值有什么特点？答案是，任意一个数值都等于前面两个数值的和，越往后排列，临近2个数的比值越接近黄金比例0.618。这组值称为斐波那契数列，根据这组值画出来的螺旋曲线称为金色螺线。

螺线的画法：多个以斐波那契数为边的正方形拼成一个长方形，然后在每个正方形里面画一个90度的扇形，连起来的弧线就是斐波那契螺线，如图8-21所示。

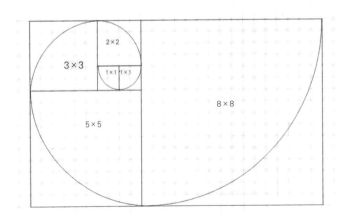

图8-21

裁剪时，只要让视觉中心位于金色螺线的中心位置即可，如图8-22所示。

图8-22

## 8.1.4 封闭与开放

在花卉摄影中，关于封闭和开放性构图的选择是很重要的。

封闭构图比较常见，对焦在花蕊，各部分都比较完整，但往往缺乏一点变化和冲击力。其实在取景时，可以尽量靠近景物，或者使用长焦镜头，甚至可以通过后期裁剪，将画面变为开放式构图，只要表现画面中最精彩的部分，增强画面的视觉冲击力，就可以起到窥豹一斑的效果，留给欣赏者充足的想象空间。

拍过牡丹的爱好者应该知道，牡丹花虽然漂亮，但很难拍好。花朵与叶子的距离过近，不容易拍出虚化效果，且背景往往呈现土黄色，很难出彩。图8-23所示的照片是将一朵花完整地拍摄了下来，虽然画面色彩漂亮，但整体比较平淡。

采取开放式构图，只拍摄花蕊部分进行重点表现，画面的视觉效果和画面冲击力就会变得更强，如图8-24所示。

图8-23

图8-24

## 8.2 通透干净的画面

下面通过一个花卉后期调整的具体案例，介绍如何通过色调与影调的调整，让花卉照片的画面变得干净通透，主体醒目突出。从图8-25所示的原始照片中可以看到，画面整体的色调稍显平淡，并且背景与主体部分差别比较小，显得主体不够突出，表现力不强。

经过调整之后，可以看到背景整体变暗，花卉的色彩感变强，反差变大之后，主体得到了很好的突出和强化，并且画面整体的感觉非常干净、简洁，如图8-26所示。

图8-25

图8-26

具体操作步骤如下。

步骤 1 在Photoshop中打开原始照片，如图8-27所示。

图8-27

**步骤 ②** 创建一个"曲线"调整图层，选中曲线右上角的锚点并向左拖动，裁掉右侧空白的没有像素的区域。此时观察Photoshop主界面右上角的"明度"直方图，确保波形的右侧触及右侧边线，如图8-28所示。这样就将整个画面的色阶调整为全色阶直方图的理想状态，使照片从最黑到最白都有像素分布。

图8-28

**步骤 ③** 可以看到照片中的花卉还是有一些偏暗，所以在对应花卉的亮部单击创建一个锚点并向上拖动，这个操作可以提亮花朵部分，如图8-29所示。

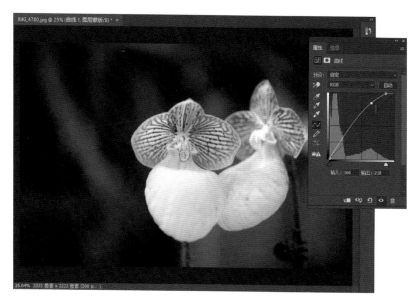

图8-29

**步骤④** 由于背景处于暗部，此时过于偏亮，因此可以在暗部单击创建一个锚点并向下拖动，这样可以压暗背景的亮度。还要在亮部创建一个锚点，并向上拖动恢复亮部。通过这样的操作，可以强化背景与花朵部分的反差，如图8-30所示。

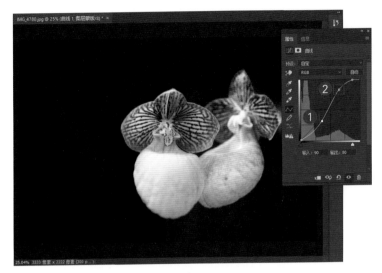

图8-30

**步骤⑤** 根据实际情况，本例中没有必要太多考虑画面层次过渡的平滑性，而是应该考虑加强背景与花卉的反差，高反差可以强化花朵的表现力，如图8-31所示。

图8-31

**步骤⑥** 影调初步调整完成之后，可以看到背景有一些偏灰、偏黄，与花朵的色彩不够协调。此时可以切换到"红"通道，降低暗部的红色成分，相当于增加了暗部的青色成分，那么背景色彩就不会再灰蒙蒙的，而是变得有一些青绿色。为了确保亮处的花朵部分不会变青，应该在亮部创建一个锚点并向上拖动恢复，确保花朵部分的色彩不会失真，如图8-32所示。

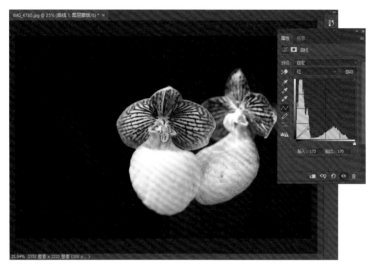

图8-32

**步骤 7** 至于背景的暗部，一味偏青、偏绿是不合理的。通常情况下，比较暗的影调区域往往会有一些偏蓝，所以切换到"蓝"通道，在暗部创建一个锚点并向上拖动，这样可以让暗部变得有一些偏蓝、偏冷。同样地，为了避免花朵部分发生色彩失真的问题，可以在亮部创建一个锚点并向下拖动来恢复，确保花朵部分的色彩不会发生变化，如图8-33所示。

图8-33

**步骤 8** 接着切换到"绿"通道，在亮部创建一个锚点，适当地向下拖动来降低绿色，相当于为花朵部分增加了洋红色。为了避免暗部也变得偏洋红，可以在暗部创建一个锚点并向上拖动，将暗部恢复，这样色彩的调整就初步完成了，如图8-34所示。

步骤 9 因为此时照片中花朵的清晰度并不是很高，所以要按【Ctrl+Alt+Shift+E】组合键制作盖印图层，生成一个"图层1"图层，如图8-35所示。

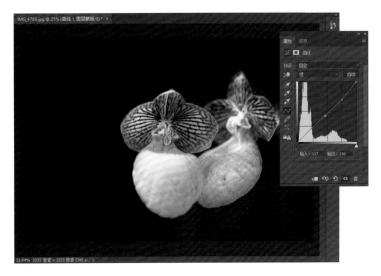

图8-34                                                                                      图8-35

步骤 10 按【Ctrl+J】组合键复制"图层1"图层，然后在菜单栏中选择"图像"→"调整"→"去色"命令，将新复制出来的图层进行去色，如图8-36所示。

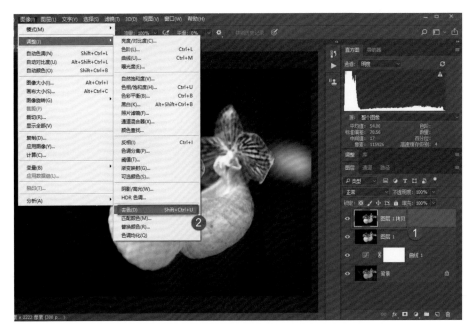

图8-36

步骤 11 在菜单栏中选择"滤镜"→"其他"→"高反差保留"命令，打开"高反差保留"对话框，将"半径"设置为"2"，这样就将花朵边缘的线条都提了出来，并且没有明显的亮边，说明提取效果比较理想，然后单击"确定"按钮，如图8-37所示。

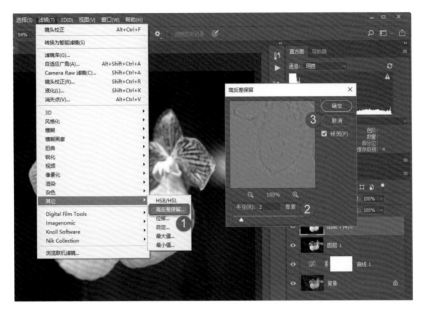

图8-37

**步骤12** 将高反差保留图层的混合模式改为"叠加"，将提取出来的线条叠加在原始照片中，这也相当于强化了花朵的清晰度，如图8-38所示。

图8-38

经过以上步骤，照片的影调、色调及画质就调整完毕，可以看到画面变得比较漂亮，并且主体也比较醒目和突出了。最后拼合图层，然后将照片保存即可。

## 8.3 完美暗角，突出主体

对于一般的花卉照片，在后期处理时只是整体上压暗背景，有时并不能实现我们的目的。例如，当背景的亮度与主体的亮度相差不大时，是没有办法通过简单的曲线调整来压暗背景的，也就无法达到突出主体的目的。因此，在实际的处理中，经常会借助蒙版的擦拭等操作来人为地压暗背景，从而实现突出主体的目的。下面来看一个具体的案例。

观察图8-39所示的原始照片，可以看到背景比较杂乱，并且背景与主体的亮度相差不大，这样主体就会不够突出，画面的影调层次也不够丰富。

经过调整之后，背景被整体压暗，而主体变得比较醒目和突出。此外，对画面进行了适当的调色，让它有一种幽暗的氛围，这样照片的表现力就很好了，如图8-40所示。

图8-39　　　　　　　　　　　　　　　　图8-40

具体操作步骤如下。

**步骤①** 在Photoshop中打开原始照片，如图8-41所示。

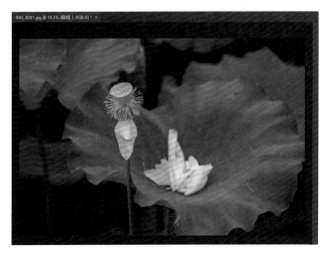

图8-41

**步骤 2** 创建一个"曲线"调整图层，将右上角的锚点大幅度向下拖动，压暗画面整体，此时可以看到画面整体上变得非常灰暗。然后在曲线中间创建一个锚点并轻微地向下拖动，让影调的过渡自然一些，如图8-42所示。

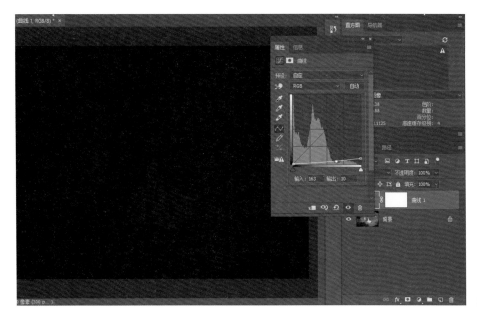

图8-42

**步骤 3** 接下来将花朵部分的亮度还原出来，这样就相当于提亮了主体，从而让主体更加突出。在工具栏中选择"套索工具"，将作为主体的花朵部分选中出来，如图8-43所示。

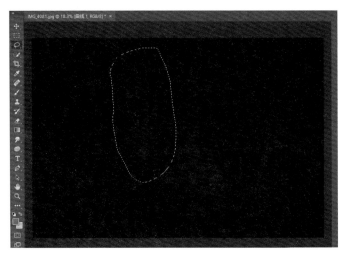

图8-43

**步骤 4** 将前景色设置为黑色，按【Alt+Delete】组合键为选区内填充黑色，这相当于将选区内的花朵部分还原出来，如图8-44所示。

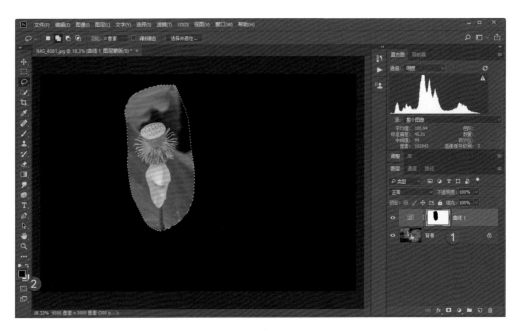

图8-44

**步骤 5** 除了莲蓬部分之外，右侧的荷叶上有一些散落的花瓣，这部分也应该进行适当的亮度还原。但根据对本例的判断，这部分最好不要亮于莲蓬部分。所以要为散落的花瓣部分再建立一个选区，然后将前景色设置为一般的灰色，按【Alt+Delete】组合键进行填充。当蒙版选区内填充上灰色之后，可以看到荷叶上散落的花瓣部分也有了一定的亮度还原，如图8-45所示。

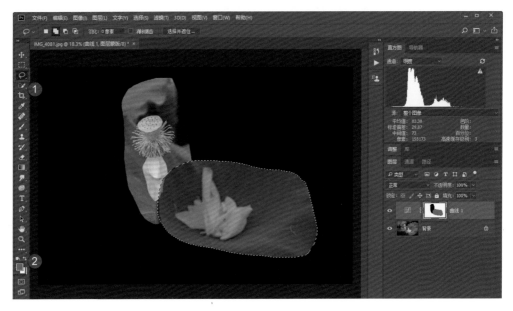

图8-45

**步骤 6** 按【Ctrl+D】组合键取消选区。此时还原的亮度部分与周边过渡非常生硬，所以要在"图层"面板中双击蒙版缩览图，打开蒙版"属性"界面，提高"羽化"值来羽化亮度与周边的暗部区域，这样影调过渡就变得平滑了，如图8-46所示。

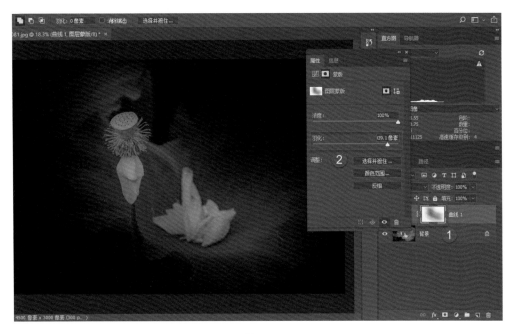

图8-46

**步骤 7** 制作暗角并进行羽化后，画面主体的花朵部分也受到了一定的影响，画面显得过于柔和、不够通透。这时要提亮暗部，加强画面的反差，如图8-47所示。

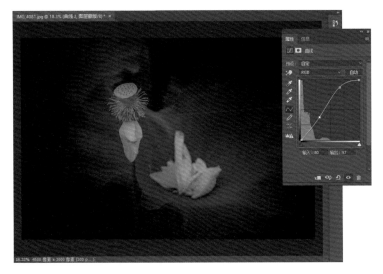

图8-47

步骤 8 分别切换到不同的色彩通道，适当地增加画面暗部的蓝色，降低暗部的红色，让画面显得蓝一些，看起来比较幽暗。至于花瓣及莲蓬部分，色彩不要发生太大的变化，这时各种通道的曲线形状及画面效果如图8-48所示。

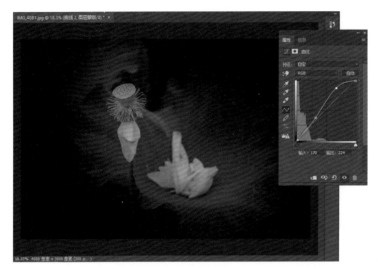

图8-48

步骤 9 对于画面不够通透的问题，可以创建一个"色阶"调整图层，在"色阶"面板中向左拖动白色滑块，适当地裁掉右侧大片空白的区域，让画面的色阶更加理想。适当地向右拖动灰色滑块，这样可以加强照片的对比度，如图8-49所示。

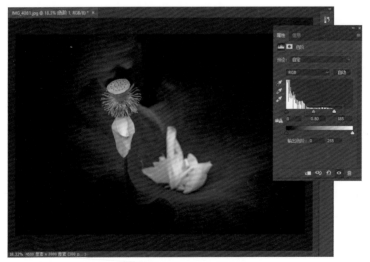

图8-49

步骤 10 观察画面可以看到，荷叶上的白色花瓣亮度过高，有些喧宾夺主。这时选择"画笔工具"，将前景色设置为浅灰色，透明度设置为100%在白色花瓣部分进行涂抹，这样可以压暗散落花瓣部分的亮度，避免其对莲蓬部分形成强烈的干扰，如图8-50所示。

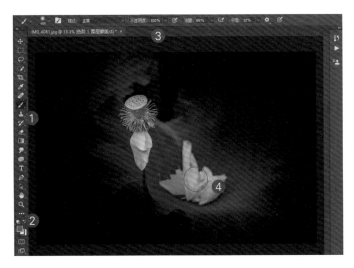

图8-50

**步骤11** 因为要表现的是莲蓬部分，而莲蓬部分是有一定的黄色成分的，所以要创建一个"色相/饱和度"调整图层，选择"黄色"通道，提高黄色的"饱和度"值，并降低"色相"值，这样可以让作为主体的莲蓬部分的色彩感更强烈一些，如图8-51所示。

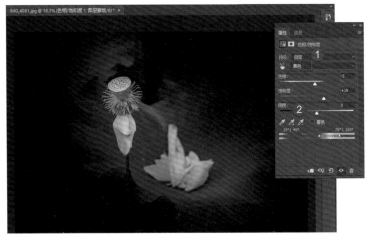

图8-51

**步骤12** 经过调整之后，在右侧的"图层"面板中可以看到此时的图层分布状态，如图8-52所示。当然也可以根据自己的喜好，再次打开之前调整过的一些图层，对其进行微调。满意之后就可以拼合图层，然后将照片保存，这样就完成了整个处理过程的操作。

图8-52

## 8.4 处理杂乱的背景

最后来看一个优化画面散落背景的案例。在拍摄的花卉照片中，很多时候主体虽然足够突出，但是背景中会有一些明显的干扰，让画面显得不够干净。这时可以在后期软件中对背景进行弱化。

从图8-53所示的原始照片中可以看到，花朵虽然比较突出，但背景中的一些花苞也比较明显，这样画面会显得比较凌乱。

经过对画面的整体色调进行优化，以及对背景中的花苞进行虚化处理，可以看到主体变得非常突出，背景也干净了很多，如图8-54所示。

图8-53             图8-54

具体操作步骤如下。

**步骤 1** 在Photoshop中打开原始照片，如图8-55所示。

图8-55

**步骤 ②** 此时的画面有一些偏色，特别是绿色部分有一些偏青，所以要创建一个"色彩平衡"调整图层。在打开的"色彩平衡"面板中，降低"青色"和"洋红"值。因为植物本身是偏绿色的，所以要向偏绿色的方向调整，适当地降低"蓝色"值。之所以这样调整，是因为绿色的植物往往含有一些青黄色。此时的参数设定及画面效果如图8-56所示。

图8-56

**步骤 ③** 初步调整完成之后，按【Ctrl+Shift+Alt+E】组合键盖印图层。然后再复制一个图层，如图8-57所示。

图8-57

**步骤 ④** 选中最上方复制出来的图层，在菜单栏中选择"滤镜"→"模糊"→"高斯模糊"命令，如图8-58所示。

**步骤 ⑤** 在打开的"高斯模糊"对话框中，提高"半径"值，然后单击"确定"按钮，得到一种模糊的效果，如图8-59所示。

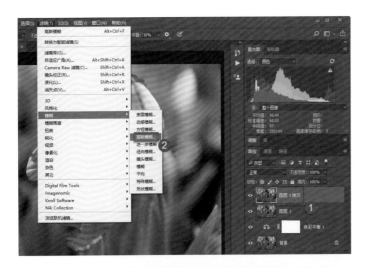

图8-58

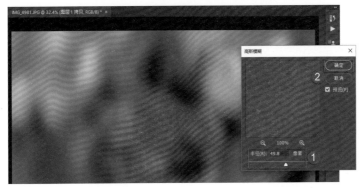

图8-59

**步骤 6** 经过模糊之后,将主体花朵也模糊了,这显然是不合理的。因此在工具栏中选择"套索工具",将花朵部分选中出来,设定选区的运算方式为"添加到选区"。在背景中尽量避开明显的花朵部分,制作一些小的不规则选区,分布要稍微均匀一些,这样建立好的选区如图8-60所示。

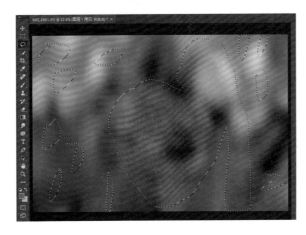

图8-60

图8-61

**步骤⑦** 因为要保留的是选区之外的区域，让选区之外的部分保持模糊状态，那么可以在菜单栏中选择"选择"→"反选"命令，这样就为选区之外的部分建立了选区，如图8-61所示。

**步骤⑧** 在"图层"面板底部单击"创建图层蒙版"按钮，这样可以为花朵及之前建立选区之外的部分建立了一个蒙版选区。蒙版中的白色部分是保留的高斯模糊部分，而选区之外的花朵等部分都不保留，如图8-62所示。

**步骤⑨** 花朵与之前建立的一些选区是不保留高斯模糊的部分，可以看到它们被清晰地还原出来，如图8-63所示。此时可以看到，建立的选区边缘线条是很僵硬的，过渡不够自然，这时在"图层"面板中双击蒙版缩览图，在打开的蒙版"属性"界面中提高"羽化"值，这样可以让清晰部分与模糊部分有一个平滑的过渡。最后关闭蒙版面板并拼合图层，再将照片保存，就完成了整个后期过程的制作。

图8-62

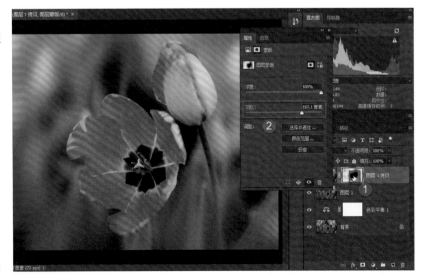

图8-63

# 第 **9** 章

# 建筑后期

对于一般的建筑类题材，建筑的整体外观、构成、线条、材质及设计理念等都是很好的表现对象。从这个角度来说，建筑摄影后期就比较多样一些。本章分为两部分：第一部分介绍一般建筑摄影后期的技巧和思路；第二部分介绍强化建筑质感、建筑接片和建筑特效的制作思路和方法。

# 9.1 建筑类题材的校正

### 9.1.1 透视变化

在拍摄建筑类题材照片时，有一些建筑内部的画面可能需要仰拍。那么在仰拍时，拍摄的对象就会产生一种透视的变化，出现对象下边比较宽、上面比较窄的情况，并且有一些不规则的变形。下面介绍怎样修复这种变形以得到一张横平竖直、比较规整的画面。在图9-1所示的原始照片中可以看到，景物发生了非常不规则的透视变化，如果直接将景物选择出来进行透视调整，那么效果不会理想。通常情况下，在Photoshop中可以使用"透视变形"这个功能来进行调整。

经过透视变形调整之后，最终得到的画面如图9-2所示。可以看到，画面变得非常规整、横平竖直，也没有透视变形。

图9-1

图9-2

具体操作步骤如下。

**步骤①** 在Photoshop中打开原始照片，如图9-3所示。

图9-3

步骤② 调整之前，先建立几条参考线，以便确定水平。在菜单栏中选择"视图"→"新建参考线"命令，在弹出的"新建参考线"对话框中，分别建立两条水平的参考线及两条垂直的参考线。具体建立时，分别选中"垂直"或"水平"单选按钮，然后单击"确定"按钮即可，如图9-4所示。

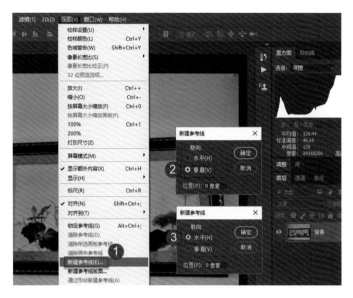

图9-4

步骤③ 建立参考线之后，将参考线分别移动到画面的左侧、右侧、上部、下部4个方位，且放到景物四周，如图9-5所示。

图9-5

步骤④ 在菜单栏中选择"编辑"→"透视变形"命令，如图9-6所示。这时进入一个透视变形的单独界面，将鼠标指针移动到照片画面中单击，即可生成一个透视变形的参考区域，如图9-7所示。

图9-6 　　　　　　　　　　　　　　　　　图9-7

**步骤5** 用鼠标指针分别单击透视变形区域的4个点，将这4个点大致放到景物的4个角上，如图9-8所示。

图9-8

**步骤6** 这时在Photoshop的选项栏中单击"变形"按钮，切换到变形界面，如图9-9所示。

**步骤7** 用鼠标分别单击4个点，按住鼠标左键并向外拖动。拖动时要注意，拖动的目的是让景物的边线与参考线重合。首先拖动左上角的点，如图9-10所示。

**步骤8** 接下来用同样的方法拖动另外的3个点，让景物的边线与之前建立的参考线重合，这样就实现了边线的横平竖直。调整好之后，单击上方选项栏中的"提交透视变形"按钮，完成透视变形的校正，如图9-11所示。

图9-9

图9-10

图9-11

**步骤 9** 最后在菜单栏中选择"视图"→"清除参考线"命令，如图9-12所示，将之前建立的参考线清除，只保留原始照片。可以看到调整之后的画面是比较理想的，如图9-13所示，最后将照片保存即可。

图9-12                                                       图9-13

对于变形的规则对象，通常使用"透视变形"工具可以得到很好的校正效果。

## 9.1.2  自适应广角

下面针对超广角镜头拍摄的建筑类题材画面，介绍变形的校正技巧。从图9-14所示的原始照片中可以看到，边缘的人物发生了很严重的变形，远处的建筑也向中间倾斜，有严重的变形。针对这种众多不规则形状组合起来的画面，可以使用"自适应广角"功能来进行调整。

图9-14

经过调整之后，可以看到人物的变形减轻，变得比较正常，而远处的建筑也得到了很好的校正，虽然算不上标准的横平竖直，但至少看起来协调了很多，如图9-15所示。

图9-15

具体操作步骤如下。

**步骤 1** 在Photoshop中打开原始照片，如图9-16所示。

图9-16

**步骤 2** 在菜单栏中选择"滤镜"→"Camera Raw滤镜"命令，如图9-17所示。

图9-17

步骤3 进入Camera Raw滤镜界面，在右侧的"基本"面板中，对照片的对比度、影调等进行全方位的调整，并进行一定的色彩处理，让画面整体的影调及色彩变得更加理想。处理完之后单击"确定"按钮，如图9-18所示，返回Photoshop的主界面。

图9-18

步骤4 在菜单栏中选择"滤镜"→"自适应广角"命令，如图9-19所示。此时会进入"自适应广角"界面，并且照片已经套用了"自动"调整方式，画面发生了一定的变化，如图9-20所示。

图9-19

图9-20

步骤5 在右侧的"校正"下拉列表中，默认选择"自动"选项，而本画面是用超广角镜头拍摄的，主要需要进行透视校准，所以可以选择"透视"选项，如图9-21所示。如果是鱼眼镜头拍摄，那么可以选择"鱼眼"选项。

图9-21

**步骤 6** 选择"透视"选项后，软件会自动对画面进行校正。可以看到，发生扭曲之后，边缘出现了空白像素，自动校正的效果并不是很理想，所以还需要进行人为的干预。在界面的左上角选择"约束工具"，如图9-22所示，然后在照片中找到一些明显的直线条，沿着直线条拖动描出一根线条。绘制线条时，这根线条会自动依附于照片中的线条，如果照片中的线条有一定的弧度畸变，那么拖动出的线条也会有这种有弧度的畸变。在右下角的预览窗口中可以看到线条的一些弧度，如果线条描边不是很准确，那么可以参照右侧的预览窗口来拖动改变线条的位置。

图9-22

**步骤 7** 将鼠标指针放在线条上之后，会出现可以拖动改变位置及弧度的标记，如图9-23所示。这样调整之后的线条就很好地与照片中的直线条重合了。

**步骤 8** 用同样的方法，再查找另外的一些线条进行线条的校正。可以看到在照片右侧及左侧分别建立了两根线条，这样画面中就有3根校正的线条，如图9-24所示。

图9-23 图9-24

**步骤⑨** 经过线条的校正之后，画面中的一些直线条就得到了校正，畸变得到了很好的修复。在"自适应广角"界面右侧，还有"缩放""焦距"及"裁剪因子"3个参数。"缩放"是指缩放照片大小；"焦距"是指由软件自动识别所打开照片的焦距，该参数没有必要调整；"裁剪因子"则是用于裁掉照片四周空白的像素区域，适当提高"裁剪因子"的值，可以看到已经裁掉了四周的空白区域，如图9-25所示。

图9-25

**步骤⑩** 如果不希望由软件来进行照片的裁剪，那么可以将"裁剪因子"恢复到原位置，直接单击"确定"按钮完成照片的校正，如图9-26所示。

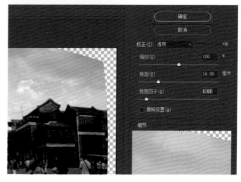

图9-26

**步骤⑪** 返回Photoshop主界面，选择"裁剪工具"，裁掉画面周边大片的空白像素区域。在保留范围之内，可以根据具体情况适当地保留一些空白区域，让画面的构图更加宽松一些，如图9-27所示。

图9-27

**步骤⑫** 完成裁剪之后，由于照片的4个角有一些空白区域，因此可以选择"多边形套索工具"，将这些单独的区域分别选中出来。然后在选区内右击，在弹出的快捷菜单中选择"填充"命令。打开"填充"对话框，设置"内容"为"内容识别"，然后单击"确定"按钮，这样就将空白的像素区域填充上了正常的像素，如图9-28所示。按照同样的方法，将另外3个角也都填充起来，这样就得到了完整的画面效果。经过校正之后，画面的几何变形得到了一定程度的校正。

图9-28

需要注意的是，校正不可能是非常完美的，如果非常完美，那就是移轴镜头的效果了，那是不现实、也不真实的效果。

### 9.1.3　ACR变换

　　下面介绍另一种相对比较简单的照片透视校正方法。图9-29所示的原始照片在经过一定的影调及色彩调整之后，画面整体的效果变得比较理想，但是观察建筑及左右两侧可以看到，由于透视的原因，画面看起来不够规整。

　　经过调整之后可以看到，中间的主体建筑比较规整，两侧建筑的线条也变得比较竖直，画面规整了很多，如图9-30所示。

图9-29

图9-30

具体操作步骤如下。

**步骤①** 首先在Photoshop中打开原始照片，如图9-31所示。在菜单栏中选择"滤镜"→"Camera Raw滤镜"命令，如图9-32所示。

图9-31 图9-32

**步骤②** 照片载入Camera Raw滤镜之后，在上方的工具栏中选择"变换工具"，如图9-33所示。

图9-33

**步骤③** 这时将鼠标指针移动到画面中，找到一条实际水平的直线条，沿着这个直线条拖动绘制出一条直线，这条直线要与照片中实际水平的线条重合。拖动时要注意鼠标指针处的圆圈，这个圆圈可以帮助观察绘制的线条与照片中线条的重合程度，如图9-34所示。

图9-34

步骤④ 拖动出一根线条并不能很好地校正水平，因此要找到另外一根线条，继续拖动出第二条直线。这样经过两条直线的校准，就可以将画面水平方向的透视校正过来，如图9-35所示。

图9-35

步骤⑤ 接下来再校正照片的竖直透视变化，用同样的方法找到照片中竖直的线条进行描线，同样需要描出两条直线，如图9-36所示。

步骤⑥ 经过4条线的校准，就可以将照片的透视很好地校准过来。如果发现校正的效果不理想，那是因为绘制的线条与原有线条的重合度不是很好。这时可以继续手动选择线条上的某一个圆圈进行拖动，来改变线条的位置，让其与原有线条的重合度更高，这样画面的校正效果就会更加理想。校正完毕之后，可以看到画面中整个建筑都变得比较规整了，单击"确定"按钮返回Photoshop主界面，再将照片保存即可，如图9-37所示。

图9-36

图9-37

## 9.2 建筑纹理质感的强化

本案例所处理的是图9-38所示的一张建筑屋檐照片，如果不加处理，照片很难称为作品，因为画面过于简单、平淡。对照片的影调及色彩进行润饰，并强化质感后，画面的细节就变得更加清晰、丰富，视觉冲击力也变得更强，如图9-39所示。

图9-38                    图9-39

具体操作步骤如下。

**步骤 1** 将照片在Photoshop中打开，然后在菜单栏中选择"图像"→"调整"→"HDR色调"命令，如图9-40所示。

**步骤 2** 打开"HDR色调"对话框，如图9-41所示。

图9-40                    图9-41

**步骤 3** 在"HDR色调"对话框中，对景物表面纹理影响最大的参数是"细节"，因此尽量提高"细节"值，这样景物表面的清晰度就会发生较大的变化。在调整人像表面纹理时，"细节"参数不宜过高，通常设定为100%～200%即可；而对于建筑类题材来说，"细节"值可以提高到200%以上，以强化景物表面的轮廓和纹理。"细节"值变大后，会对主体景物边缘轮廓形成很大的干扰，如产生白边、零星的高光溢出等，因此还要适当修改"曝光度"和"高光"值，确保不会损失太多的高光细节。将"HDR色调"对话框中的参数调整到位后，如果画面没有出现严重失真，单击"确定"按钮可返回Photoshop主界面。调整后的参数和画面效果如图9-42所示。

**步骤④** 此时观察照片会发现，虽然失真并不是特别严重，但景物边缘部分还是有白边现象，需要修复。之前的调整是直接对原照片进行的，当原照片已经发生了变化且无法再"追回"时，可以这样处理：按【Ctrl+A】组合键全选画面，然后按【Ctrl+C】组合键复制此时的画面，如图9-43所示。

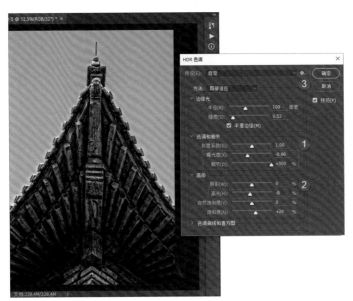

图9-42                                              图9-43

**步骤⑤** 打开"历史记录"面板，选择照片打开的初始状态步骤，如图9-44所示；然后按【Ctrl+V】组合键粘贴经过HDR调整后的画面，如图9-45所示。

图9-44                                              图9-45

**步骤⑥** 复制处理后的效果并粘贴到照片初打开时的状态后，会生成两个图层：效果图层和原照片图层。其中，效果图层在上，原照片图层在下，如图9-46所示。这时如果要修复景物的边缘白边，只需在左侧的工具栏中选择"橡皮擦工具"，将经过HDR色调处理的效果图的白边擦掉就可以了。

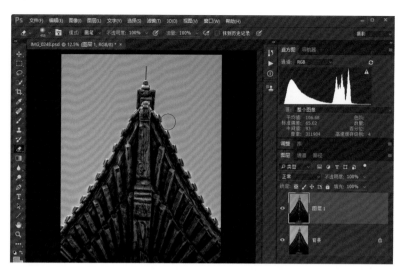

图9-46

**TIPS**

　　可能有读者会问，为什么不是在打开照片后先复制两个图层出来，对上面的图层进行
HDR处理，然后擦拭白边，而是要处理好之后再复制、粘贴？其实很简单，如果打开照片
后就复制图层，那么对上面的图层进行HDR处理时，要转为32位通道，系统会要求将两个
图层合并才能进行操作。也就是说，一开始就复制图层是没有用的。

**步骤 7**　由于在进行HDR色调处理时，对照片中天空的色彩也产生了很大的干扰，如果只擦掉
　　　　白边，那么擦掉的部分会露出原照片天空，这样与处理后的照片的天空色彩不一致，
　　　　会产生色彩断层。因此可以直接将处理后照片的整个天空色彩全擦掉，露出原始照片
　　　　的天空即可，效果如图9-47所示。

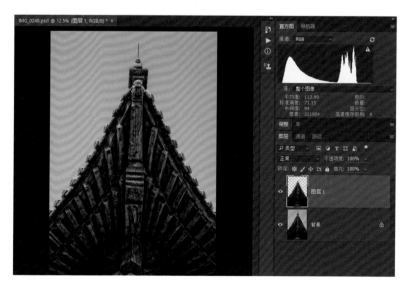

图9-47

**步骤⑧** 这时照片的质感就变得非常强烈了，但影调层次却太沉闷了，不够理想。因此要合并这两个图层，然后创建"曲线"调整图层，如图9-48所示。选中"抓手工具"，在建筑上需要提亮的位置上按住鼠标左键向上拖动即可。

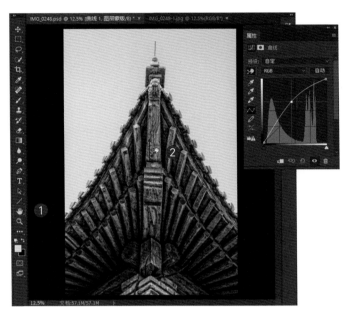

图9-48

**步骤⑨** 在屋檐下方按住鼠标左键向下拖动，将这部分压暗，如图9-49所示。再按住天空部分向下拖动，压暗天空。此时曲线图与画面效果如图9-50所示。

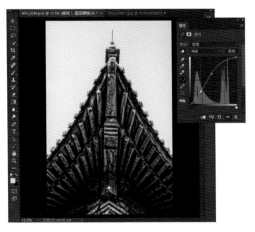

图9-49　　　　　　　　　　　　　　　　图9-50

**步骤⑩** 因为对画面的影调反差进行了调整，所以画面的色彩饱和度会发生一些变化，需要进行一些合适的调整。创建"色相/饱和度"调整图层，如图9-51所示。

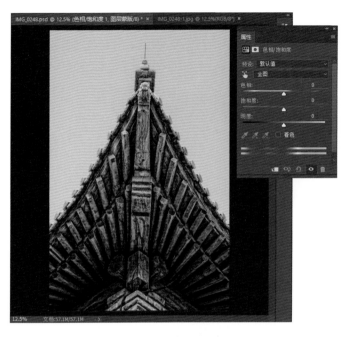

图9-51

步骤⑪ 切换到"黄色"通道并选择"添加到取样"工具，将屋檐底部的黄色部分都纳入调整
范围，然后降低"饱和度"值，如图9-52所示。

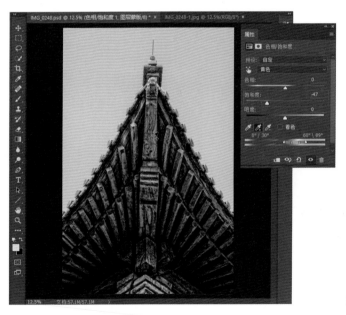

图9-52

步骤⑫ 主体屋檐的色彩调整到位后，可以发现天空的色彩感太弱，有些过于灰白。因此选择
"蓝色"通道，将天空部分都纳入色彩调整的范围内，适当提高"饱和度"值，让天

空稍微变蓝一些，如图9-53所示。需要注意的是，此处的天空蓝色饱和度不宜过高，否则会与屋檐的色彩不协调。

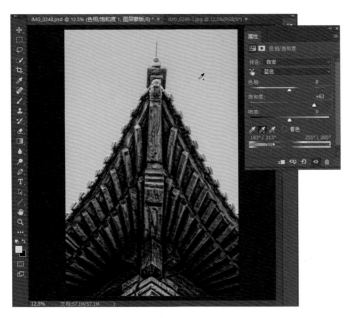

图9-53

**步骤⑬** 至此，照片就基本调整到位了，但仍然不够通透。因此要创建一个"渐变映射"调整图层（注意是从纯黑到纯白的渐变），将图层混合模式设置为"明度"，这样照片就变得通透了很多，如图9-54所示。最后，拼合所有图层并将照片保存即可。

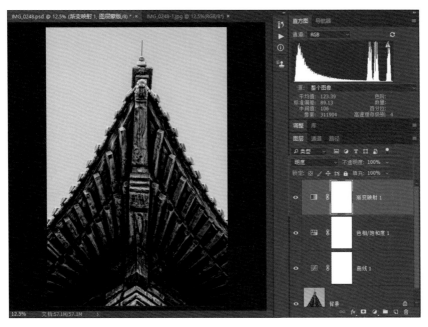

图9-54

## 9.3 全景接片：午门全景

对于占地面积比较大的建筑，既想要拍摄出建筑表面的一些细节，又想要将建筑拍全，那么无论使用多大的广角镜头，有时候都无法满足。因为在表现建筑表面的细节时，要尽量靠近，而一旦靠近之后，又无法用足够大的视角将整个建筑包涵进来。使用鱼眼镜头是比较好的解决方案，但是用鱼眼镜头拍摄的画面畸变非常严重，建筑几乎无法保留原有的形态。

针对这种情况，建议使用一些镜头的广角端，进行分步拍摄，但不要使用超广角，最后将拍摄的素材拼合起来，就能得到一张全景的照片画面。这样既能兼顾细节的需求，又可以表现出建筑整体的形态。

图9-55~图9-57所示的是从左到右拍摄的午门3个部分。

图9-55　　　　　　　　　　图9-56　　　　　　　　　　图9-57

最后在软件中对照片进行拼接，拼出了整个午门的全景。此时画面仍然有一定的畸变，这是因为距离实在太近，但相比鱼眼镜头的效果则要好了很多，如图9-58所示。

图9-58

具体操作步骤如下。

**步骤 1** 在Photoshop的菜单栏中选择"文件"→"自动"→"Photomerge"命令，如图9-59所示。此时会打开"Photomerge"对话框，然后单击"浏览"按钮，如图9-60所示。

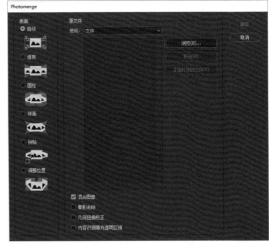

图9-59 图9-60

**步骤 2** 在弹出的"打开"对话框中全选准备好的素材，单击"打开"按钮，如图9–61所示。在 Photomerge界面的"源文件"列表中出现了打开的素材，在左侧的"版面"列表中默认选中"自动"单选按钮，然后单击"确定"按钮，如图9–62所示。

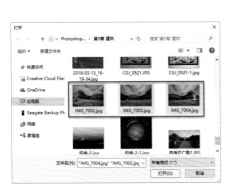

图9-61 图9-62

**步骤 3** 等待一段时间之后，软件就自动将3张素材拼接在了一起。因为在拼接时计算规则的不同，又为了保证建筑相对规则、不至于严重变形的效果，所以在画面的四周会有一定的像素扭曲，并有一些空白的区域，如图9–63所示。

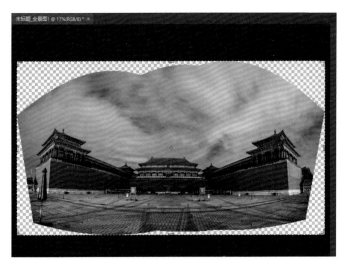

图9-63

**步骤④** 这时在工具栏中选择"裁剪工具"，裁掉大面积的四周区域及空白像素区域，如图9-64 所示。确定保留区域之后，在保留区内双击即可完成裁剪。

图9-64

**步骤⑤** 观察画面可以发现，左下角仍然有一片空白区域，这时选择"套索工具"，将该区域选中出来，如图9-65所示。对选中出来的区域像素进行填充，这样就得到了全景接片的效果。

**TIPS**

在得到全景接片效果之后、进行空白区域选中填充之前，还要在右侧的"图层"面板中将所有的图层拼合起来，否则选中之后是无法进行正确填充的。

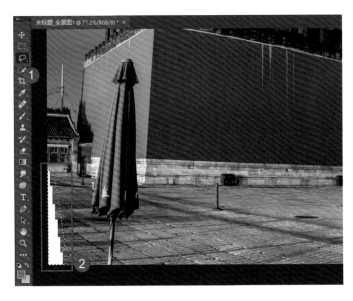

图9-65

# 9.4 城市地心世界

最后再介绍一个案例,这是一种城市建筑景观的特效制作。在拍摄大量的建筑类题材之后,可以偶尔进行一些创意性的制作,得到与众不同的画面效果,给人别具一格的感受。打开图9-66所示的原始照片。

图9-66

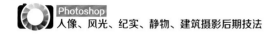

经过创意制作，打造出了一种地心世界的特效，产生了仿佛从地心看向天空的心理暗示，如图9-67所示。

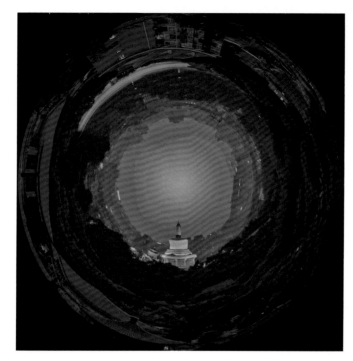

图9-67

具体操作步骤如下。

步骤❶ 在Photoshop中打开要处理的原始照片，如图9-68所示。

图9-68

步骤❷ 因为此时的天空比例过大，不利于后续的制作。首先选择"裁剪工具"，单击上方选项栏中的"清除"按钮，将锁定的裁剪比例清除。然后裁掉大片的天空，保留较小的天空比例，如图9-69所示。

图9-69

**步骤3** 因为制作的地心世界是在一个正方形范围之内的圆形，所以首先要改变照片的比例。在
菜单栏中选择"图像"→"图像大小"命令，这样可以打开"图像大小"对话框，单
击"不约束长宽比"按钮，然后将"宽度"与"高度"都设置为"2828像素"，如图
9-70所示，最后单击"确定"按钮。

图9-70

**步骤4** 调整之后照片就变为了正方形，如图9-71所示。

图9-71

**步骤 5** 在菜单栏中选择"滤镜"→"扭曲"→"极坐标"命令，如图9-72所示。此时会打开"极坐标"对话框，保持默认的"平面坐标到极坐标"单选按钮处于选中状态，然后单击"确定"按钮，如图9-73所示。

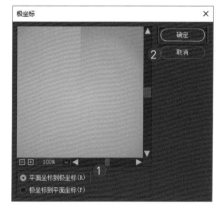

图9-72　　　　　　　　　　　　　　　　　　图9-73

**步骤 6** 经过计算之后就得到了图9-74所示的画面，这是地心世界的画面雏形。画面中存在一些明显的问题，例如，圆形向四周的扩散线及两侧结合的部分有一个明显的接合边缘，使画面效果不够自然。

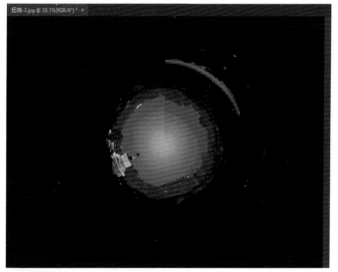

图9-74

**步骤 7** 按【Ctrl+J】组合键，复制一个新的"图层1"图层，然后选中这个图层，在菜单栏中选择"编辑"→"自由变换"命令，如图9-75所示。

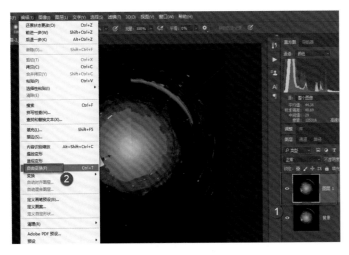

图9-75

**步骤 8** 按住鼠标左键转动新复制的"图层1"图层，让上方"图层1"图层的结合线与下方"背景"图层的结合线错开一定位置，最好让上方"图层1"图层的明显建筑处于直上直下的状态，使主体变得比较规整。调整到位之后松开鼠标，如图9-76所示。

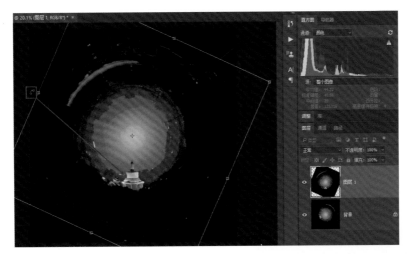

图9-76

**步骤 9** 在工具栏中选择"橡皮擦工具"，将画笔的硬度降到最低，画笔直径适当大一些，然后在上方图层的接缝部分进行涂抹。涂抹掉这个接缝之后，下方图层正常的区域就会露出来。经过这样两个图层的叠加，就可以消除明显的接合痕迹，如图9-77所示。

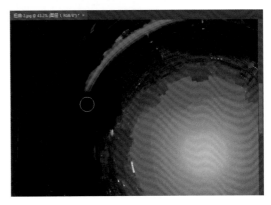

图9-77

**步骤⑩** 经过橡皮擦擦拭之后，就将上方图层的接痕进行了很好的修复，此时的画面效果如图9-78所示。

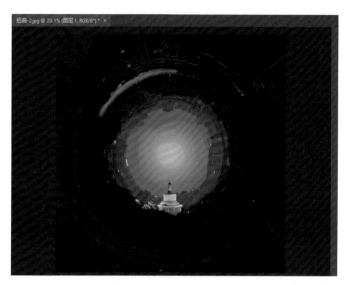

图9-78

**步骤⑪** 接下来解决地心世界圆形区域之外的放射线问题。首先将"图层"面板中的两个图层拼合起来，然后在工具栏中选择"椭圆选框工具"，按住【Shift】键在照片中绘制一个圆形。目的是让这个圆形的选区将整个地心世界照片选择出来，并将外侧的放射线排除到选区之外。这时将鼠标指针移动到选区中间，适当地拖动鼠标来改变选区的位置，如图9-79所示。

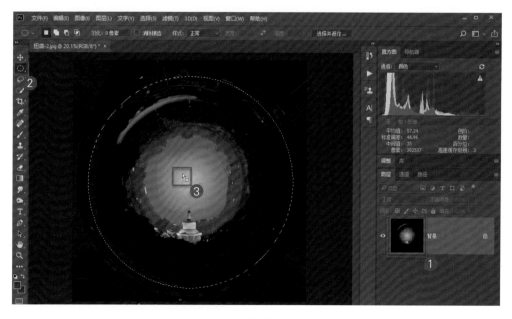

图9-79

**步骤⑫** 由于建立的选区不够大，会把扭曲的建筑部分全选出来，因此可以在选区内右击，在弹出的快捷菜单中选择"变换选区"命令，如图9-80所示。然后拖动变形框，让选区正好能够把正常像素区域圈出来。

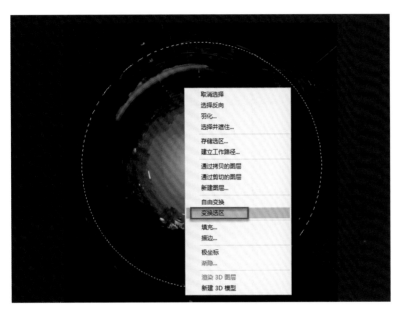

图9-80

**步骤⑬** 接着在菜单栏中选择"选择"→"反选"命令，如图9-81所示，这样就将正常像素之外的放射线区域都选择出来。然后在菜单栏中选择"编辑"→"填充"命令，打开"填充"对话框，将"内容"设定为"黑色"，然后单击"确定"按钮，如图9-82所示，这样就将正常像素之外的放射线区域都变为了黑色。

图9-81                    图9-82

**步骤14** 特效制作完成之后，在菜单栏中选择"滤镜"→"Camera Raw滤镜"命令，打开Camera Raw滤镜界面，对照片的影调、色彩等进行全方位的优化。调整完成后，单击"确定"按钮，如图9-83所示。

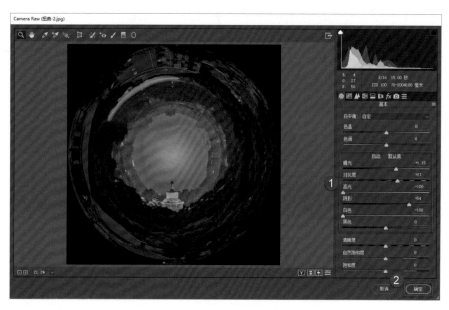

图9-83

**步骤15** 此时返回Photoshop的主界面，可以看到制作的地心世界效果，如图9-84所示。

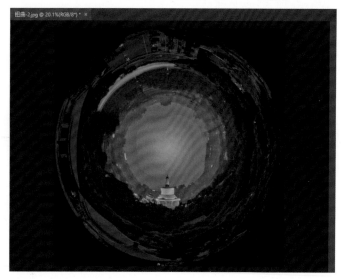

图9-84

对于建筑类题材来说，还可以制作更多的特效，如素描或水彩效果，也可以针对建筑主体的背景制作一些动感模糊的特效，让画面有一种极简的风格。具体的特效制作还应根据照片的实际条件进行合理的创作。